Roland Bischof

Wie Profis Sponsoren gewinnen

Basiswissen und Leitfaden für die Praxis

BusinessVillage
Update your Knowledge!

Roland Bischof

Wie Profis Sponsoren gewinnen
Basiswissen und Leitfaden für die Praxis
2. umfassend erweiterte und überarbeitete Auflage
Göttingen: BusinessVillage, 2007
ISBN 978-3-938358-40-5
© BusinessVillage GmbH, Göttingen

Bezugs- und Verlagsanschrift

BusinessVillage GmbH
Reinhäuser Landstraße 22
37083 Göttingen

Telefon: +49 (0)5 51 20 99-1 00
Fax: +49 (0)5 51 20 99-1 05
E-Mail: info@businessvillage.de
Web: www.businessvillage.de

Layout und Satz

Sabine Kempke

Bestellnummern

PDF-eBook Bestellnummer EB-691
Druckausgabe Bestellnummer PB-691
ISBN 978-3-938358-40-5

Über den Autor

 Roland Bischof zählt in Deutschland zu den profiliertesten Sponsoringexperten, sein Spezialgebiet ist das Eventsponsoring. Er ist seit 1986 selbstständig und verfügt über einen Erfahrungsschatz aus über 200 nationalen und internationalen sponsorunterstützten Events in führenden Positionen.

Seit 1996 berät er als geschäftsführender Gesellschafter der Presented by GmbH, Sponsoringagentur mit Sitz in Berlin und Doha, sowohl Sponsoren als auch Projektverantwortliche zur Optimierung des Sponsoringbereichs. Hierzu gilt er bundesweit bei Seminaren und Kongressen seit Jahren als anerkannter Referent seines Fachs. Seit 1999 ist er zudem im Vorstand des Fachverbandes für Sponsoring & Sonderwerbeformen (FASPO), zu dessen Gründungsmitgliedern er 1996 auch zählte.

Sie erreichen den Autor über den Verlag:
BusinessVillage GmbH
Reinhäuser Landstraße 22
37083 Göttingen
Telefon: +49 (0)5 51 20 99-100
Telefax: +49-(0)5 51 20 99-105
E-Mail: verlag@businessvillage.de

Vorwort

Lieber Leser,

bei der Sponsorensuche werden häufig grundlegende Vorgehensweisen missachtet, was den Erfolg bereits im Vorfeld ausschließt. Ein professioneller Aufbau würde hingegen die Erfolgsaussichten entscheidend verbessern. Der Leitfaden bietet Ihnen hierfür die relevanten Basics und Hintergründe – zur direkten Anwendung im eigenen Projekt.

Sponsoring hat sich innerhalb kurzer Zeit als wichtiges Feld im Gesamtbereich der „Kommerziellen Kommunikation" etabliert; geschätzte 4,4 Milliarden Euro (2006) werden pro Jahr für Sponsoring ausgegeben (siehe auch Abbildung 1) – wobei die Zahl auch höher ausfallen kann, da durch zusätzliche Vernetzung erfolgreicher Sponsoringmaßnahmen eine Zuordnung des Etats immer schwieriger wird.

Die Tendenz der Sponsoringausgaben ist weiter steigend – und dennoch ist der Bereich Sponsoring bei zahlreichen Sponsorsuchenden oftmals von Enttäuschung geprägt. Woran liegt das? Ein wesentlicher Grund hierfür ist die häufig semi- oder non-professionelle Vorgehensweise, die sich im Bereich des Sponsorings wie ein roter Faden von der internen integrativ-konzeptionellen Planung über den Aufbau der externen Ansprache bis hin zum möglichen Vertragswerk zieht.

Eine Verbesserung des fachlichen Wissens mit der dazugehörigen Einarbeitung in die Sponsoringplanung und -akquise verbessert die Ausgangs-

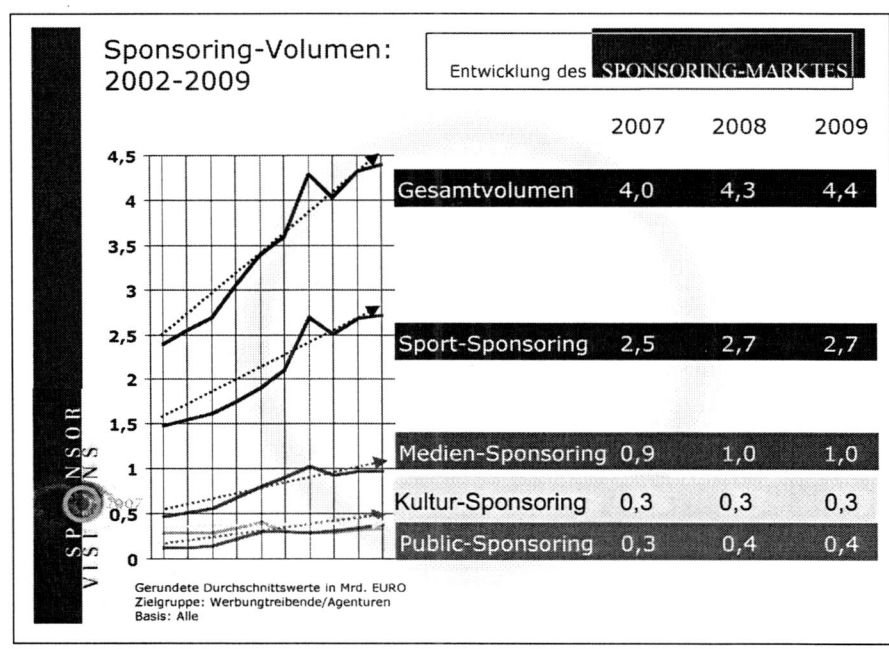

Abbildung 1:
Entwicklung der
Sponsoringausgaben

position für einen erfolgreichen Abschluss. Über Sponsoringfelder, in denen bereits professionell gearbeitet wird, können dementsprechend auch Umsatzsteigerungen vermeldet werden. So richtet sich der Praxisleitfaden auch weniger an die Kollegen aus dem Vermarktungsbereich führender Teams der Fußballbundesliga oder der Formel 1, wo die Sponsorensuche schon weitestgehend optimiert und professionalisiert ist. Vielmehr richtet er sich an die zahlreichen Projektverantwortlichen, die sich in der „Anfragenflut" tausender Mitbewerber bei den gleichen Sponsoren befinden und deren Anfrage meist, wenn überhaupt, nach einiger Zeit durch einen „freundlichen Dreizeiler" abschlägig beschieden wird.

Die Verbesserung des Know-hows auf der Seite der Sponsorensuchenden verbessert nicht nur deren Erfolgsaussichten, sondern entlastet auch die potenziellen Sponsoren. Die wichtigsten Grundlagen sind das korrekte Einschätzen der Gesamtsituation, das Verstehen der Marktzusammenhänge, das Erkennen von Positionierung und Zielsetzung des Sponsors sowie die professionelle Aufbereitung, Umsetzung und Optimierung des Projekts unter dem Gesichtspunkt einer positiven Sponsorenintegration.

Sobald Sie diese Inhalte verinnerlicht haben, bietet Ihnen das Sponsoring selbst in Zeiten negativer oder stagnierender gesamtkonjktureller Entwicklungen große Chancen zur Unterstützung Ihres Projekts, da es bei professioneller Umsetzung bestimmte Marketingziele für den Sponsor vergleichsweise kostengünstig erreichen kann. Durch fundiertes Wissen lässt sich die Sponsorensuche optimieren und die Wahrschein-

lichkeit eines erfolgreichen Abschlusses stark erhöhen. Das vorliegende Werk bietet Ihnen das A bis Z des sorgfältigen Aufbaus einer Sponsorenakquise.

Mit Anwendung dieses Leitfadens können Sie Fehler vermeiden, eine Optimierung in der Planungs- und Ansprachemethodik erreichen und somit die Wahrscheinlichkeit auf Erfolg bei der Sponsorengewinnung maßgeblich erhöhen – gleichzeitig bauen Sie so eine Basis für eine langfristige Zusammenarbeit mit Ihren neuen Partnern auf.

Der Sponsoringmarkt entwickelt sich sehr schnell und damit einhergehend werden auch neue Rahmenbedingungen geschaffen. In der Ihnen nun vorliegenden Neuauflage sind die derzeitigen Erweiterungen (steuerliche Behandlung, FASPO-Konventionen et cetera) bereits berücksichtigt beziehungsweise ergänzt.

An dieser Stelle möchte ich mich auch bei allen Sponsoren, Agenturen, Medien und Marktforschern für die fachliche Unterstützung, sowie bei Christian Hoffmann vom Verlag BusinessVillage für die hervorragende Betreuung während der Schaffensphase bedanken.

Ich wünsche Ihnen viel Spaß beim Lesen und hoffe, schon bald von Ihren erfolgreichen Sponsoringabschlüssen zu hören.

Roland Bischof
April 2007

1. Einleitung

Die Ausgangssituation ist oftmals gleich: Ein Projekt wird veranstaltet und bietet zahlreiche Werbeplattformen, die durch Dritte genutzt werden könnten, die wiederum durch ihre Gegenleistungen zur Entlastung des Projektaufwands beitragen. Auf der anderen Seite stehen potenzielle Sponsoren, die ein bestimmtes Image nutzen und im Rahmen des Projekts glaubwürdig werben könnten.

Es bleibt die Frage: Wie können die potenziellen Sponsoren erreicht und in der Konsequenz zu einer Zusammenarbeit bewogen werden?

Grundvoraussetzung ist, die gleiche Sprache zu sprechen. Dazu gehört auch, sich in die Situation des Sponsors hineinversetzen zu können und den Gesamtkontext zu verstehen.

Gleichfalls gilt es, die Erwartungen und Zielsetzungen klar zu definieren – nur dann kann eine langjährige, für beide Seiten gute und erfolgreiche Partnerschaft entstehen.

 Tipp

Definieren Sie immer Erwartungen und Zielsetzungen des Sponsorings.

Um dies zu verdeutlichen, stellen Sie sich bitte folgendes Beispiel vor:

Sie erhalten von Ihrem Sponsor 10.000 € für eine Veranstaltung. Der Sponsor besucht Ihre Veranstaltung, bei der 1.000 junge Menschen ausgelassen feiern und das Fernsehen einen längeren Bericht überträgt. Zu welcher Reaktion kann es daraufhin seitens des Sponsors kommen?

Freude – Jetzt bekomme ich zehnmal soviel Sendezeit im TV, als ich mit dem Budget beim gleichen Sender durch klassische Mittel hätte erwerben können.

Ärger – Die TV-Sendezeit ist zwar gut, doch bringt sie mir nichts, da die Zielgruppe des Senders nicht mit meiner Zielgruppe identisch ist.

Ärger – Meine Zielsetzung ist nicht die Bekanntheit; somit brauche ich auch kein TV. Ich wollte Produktkontakte im emotionalen Umfeld generieren. Und für 1.000 Direktkontakte war die Sponsorsumme zu hoch. Für das Geld hätte ich mehr Direktkontakte in gleicher Zielgruppenstruktur generieren können.

Freude – Bei den 1.000 Direktkontakten handelt es sich um die absolute Kernzielgruppe und Opinionleader mit hoher Wertigkeit. Das Sponsoring ist ein Erfolg.

Ergebnis: das gleiche Projekt, die gleichen Leistungen, dennoch unterschiedliche Ergebnisse, da häufig unterschiedliche Erwartungen aufgrund unterschiedlicher Zielsetzungen vorliegen.

Dieses Beispiel zeigt Ihnen, wie wichtig es ist, die gleiche Sprache zu sprechen und die Erwartungen bereits im Vorfeld zu definieren.

Denn es geht beim Sponsoring nicht um Mäzenatentum. Es geht nicht darum, dass ein Unternehmen als Spender oder Gönner auftritt. Es geht auch nicht um „demütiges Bittstellen" der Veranstalter, die jemanden suchen, der Ihnen Geld für eine tolle Idee gibt. Es geht vielmehr um Leistung und Gegenleistung – nicht mehr aber auch nicht weniger.

2. Der Motor im Sponsoring: Leistung und Gegenleistung

Jedes Sponsoring ist Geschäft aus Leistung und Gegenleistung. Erst wenn diese Basis erfüllt ist, können wir von Sponsoring sprechen. Es geht um ein partnerschaftliches 1:1 Verhältnis, um eine angestrebte beidseitige Gewinnsituation (Win-win-Situation), um ein Geschäft, in dem Leistungen bewertet, erbracht und bezahlt werden. Dies zu optimieren, durch kreative Ideen, konzeptionelle Integration, innovative Strategien und professionelle Nutzung der zur Verfügung stehenden Werkzeuge, ist die Kunst erfolgreichen Sponsorings; die höchstmögliche Effizienz und Effektivität für den Sponsor sowie die Sicherung und Aufwertung des eigenen Projekts durch sinnvolles Sponsoring zu erzielen ist das Ergebnis.

Sponsoren geben beträchtliche Summen für Sponsoring aus. Aber das geschieht nicht zum Selbstzweck. Professionelles Sponsoring ist vielmehr ein integraler Bestandteil moderner Unternehmenskommunikation.

> **Wichtig**
>
> Wenn die Basis der Leistung und Gegenleistung nicht erfüllt ist, handelt es sich nicht um Sponsoring (was auch steuerlich sehr relevant ist!) – (siehe auch „Steuerliche Behandlung" Seite 55 f.).

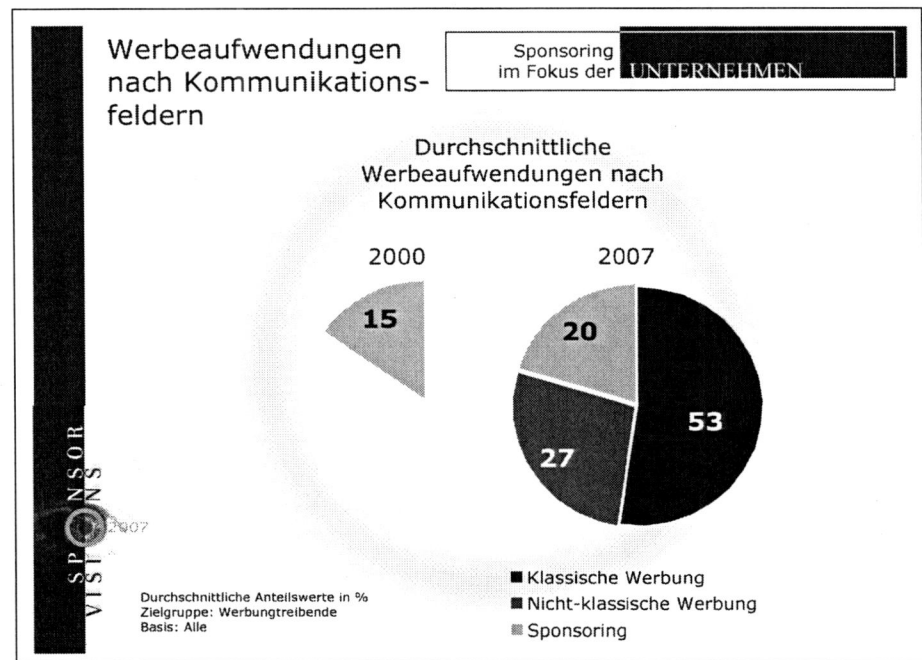

Abbildung 2: Werbeaufwendungen nach Kommunikationsfeldern

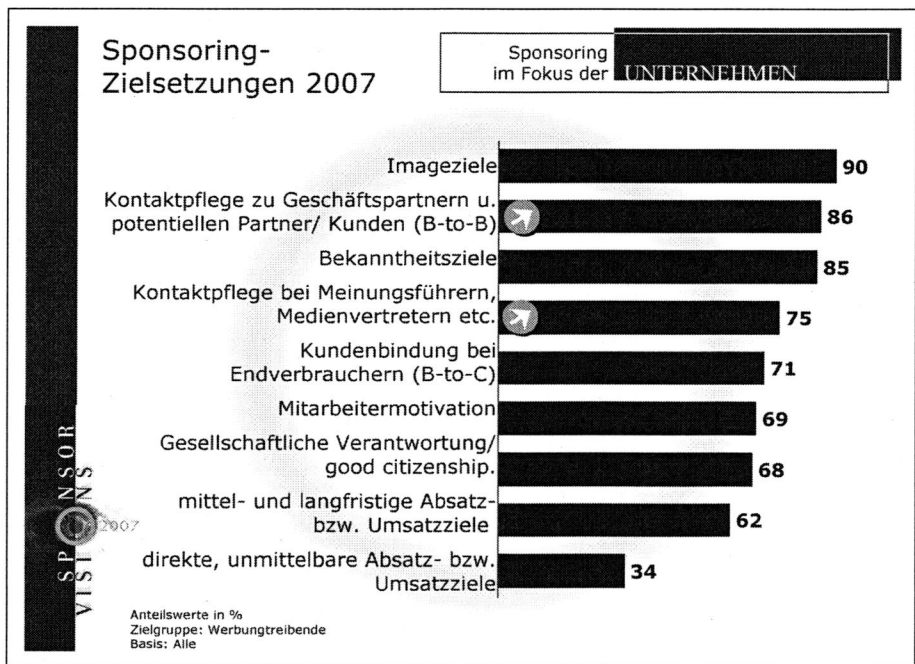

Abbildung 3:
Sponsoring-Ziel-
setzungen 2007

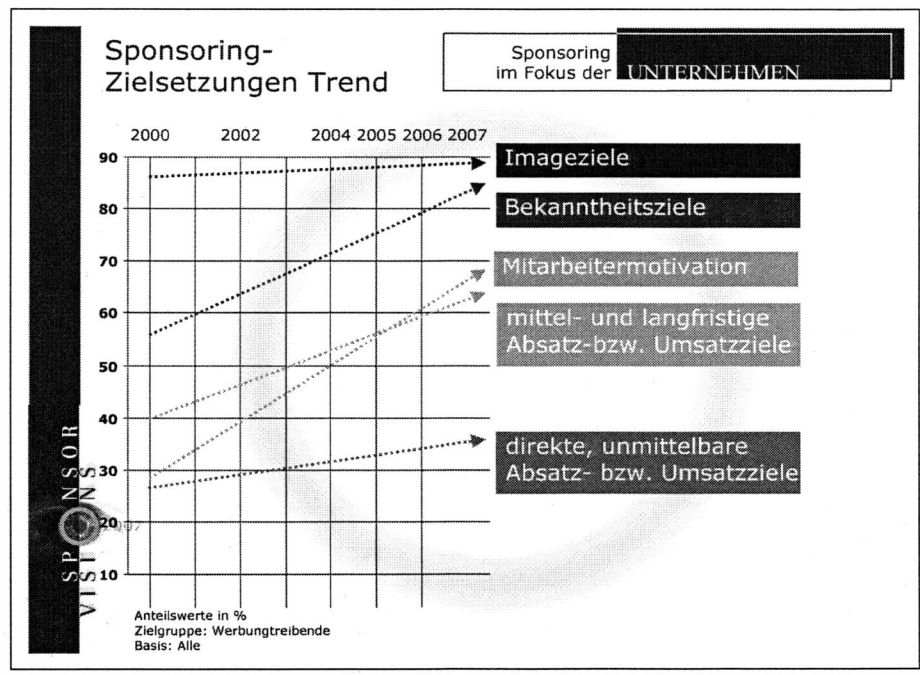

Abbildung 3 a:
Sponsoring-Ziel-
setzungen Trend

Der Einsatz der Mittel verfolgt klare Unternehmenziele (siehe Abbildung 2 auf Seite 9), beispielsweise Image, Bekanntheit oder auch Mitarbeitermotivation. Diese Ziele bilden die Basis, sowohl für die Verteilung der Kommunikationsdisziplinen innerhalb des gesamten Kommunikationsmix (Abbildung 3), als auch für die Maßnahmenregelung innerhalb des Instruments Sponsoring. Da Bekanntheit immer Ziel der Kommunikation ist, werden die Einzelmaßnahmen nach ihren Kontaktbereichen, beispielsweise Direktkontakte, Medienkontakte, Internetkontakte et cetera unterschieden.

Die zweite Grundlage des Sponsorings ist der Imagetransfer. Jeder Event, jedes Projekt, jedes Testimonial – kurz: jedes potenzielle Objekt, das für Sponsoring genutzt werden soll, verfügt über ein eigenes Image. Dies kann (und sollte) sorgfältig geplant, aufgebaut und gepflegt werden. Man nennt dies auch „Imagepflege". Doch selbst wenn man sich nicht speziell um das Image kümmert beziehungsweise es „steuert", so haftet dem Sponsorobjekt immer ein eigenes Image an. Dies kann durchaus auch negativ sein.

Einige Beispiele:
Loveparade – die Loveparade startete 1989 in Berlin mit dem Image einer „unpolitischen Demonstration der guten Laune mit Technomusik als übergreifenden Funfaktor" was mit dem Veranstaltungsmotto „Friede, Freude, Eierkuchen" auch trefflich auf den Punkt gebracht wurde. Durch die Wandlung zu einem gigantischen Großevent mit weit über einer Million Gästen zu Spitzenzeiten, sowie unendlicher, in der Öffentlichkeit ausgetragener interner Diskussionen über den Veranstal-

tungs- und Imagestatus, externer Querelen mit der Stadt zu Themen wie Müllentsorgung, Terminierung oder Demonstrationsstatus bekam der Event automatisch das Image einer „rein kommerziellen, aber chaotisch organisierten Großveranstaltung". Die daraus resultierende Planungsunsicherheit und die zunehmend negative Berichterstattung im Vorfeld führten schlussendlich zum Rückzug zahlreicher Gäste und Sponsoren mit dem Ergebnis, dass ein Event, der jegliches Potenzial für große Sponsorengagements mitbringen könnte, nicht mehr finanziert werden konnte. (2006 wurde der Event durch den neuen Hauptsponsor McFit in eigener Regie neu positioniert – die Entwicklung bleibt abzuwarten)

Abbildung 4: Loveparade 2006

Lance Armstrong – der erfolgreichste Straßenradfahrer aller Zeiten, siebenfacher Tour de France Sieger, bekämpfte erst seine Krebserkrankung und dann seine Gegner erfolgreich. Dies war eine echte Story, die ihm ein absolutes Kämpfer- und Siegerimage gab; das Image entstand weniger aus Sympathie als vielmehr aus Respekt gegenüber seinen Leistungen und wurde von seinem Beraterstab natürlich entsprechend gepflegt und aufgebaut, was ihm zahlreiche große Sponsorenverträge einbrachte. Als nach seinem Karriereende erneut Dopingvorwürfe aufkamen – vehementer denn je – bekam das Image des strahlenden Siegers jedoch Kratzer.

Der Sponsor will mit seinem Engagement das Image seines gesponsorten Objekts auf seine Marke/Produkt/Brand reflektieren lassen. Der Imagetransfer muss im Übrigen nicht nur auf das Gesamtimage bezogen sein, sondern kann sich durchaus auch nur auf einzelne Elemente beziehen.

Beispiel:
Ein Sponsor will das Image seiner Marke verjüngen beziehungsweise als „jugendlich frisch" und „trendy" auftreten. Er sucht sich entsprechend Projekte aus, bei denen er durch ein Sponsoring als glaubwürdiger Partner der Zielgruppe wahrgenommen wird beziehungsweise die jungen, frischen Imagewerte des Projekts auf seine Marke transferiert werden. Nokia hat sich auf diesem Wege, über ein glaubwürdiges Engagement im Snowboard-Bereich hervorragend positioniert und entsprechend in der Zielgruppe etabliert.

Warum ist Image so wichtig?

Wenn sich ein Unternehmen nicht an einem ruinösen Preisdumping beteiligen möchte, führen nur zwei Faktoren zu einer Kaufentscheidung: Bekanntheit und Image.

Es reicht nicht aus, nur bekannt zu sein – wenn das Image schlecht ist, führt die Kaufentscheidung des potenziellen Kunden unweigerlich zu einem Produkt des Wettbewerbers. Insbesondere wenn die Produkte qualitativ oder optisch nahezu austauschbar sind, was in der heutigen Zeit oftmals der Fall ist.

Sollte der Kunde jedoch vor einer Kaufentscheidung zwischen drei preislich identischen Produkten stehen:

Abbildung 5: Nokia

a) unbekannt

b) bekannt, aber schlechtes Image

c) bekannt und gutes Image,

so wird die Kaufentscheidung meist zu Gunsten des Produkts „c" ausfallen.

Zahlreiche wissenschaftliche Studien beweisen zudem, dass der Großteil der Verbraucher sogar bereit ist, für das Produkt „c" einen angemessen höheren Preis zu bezahlen.

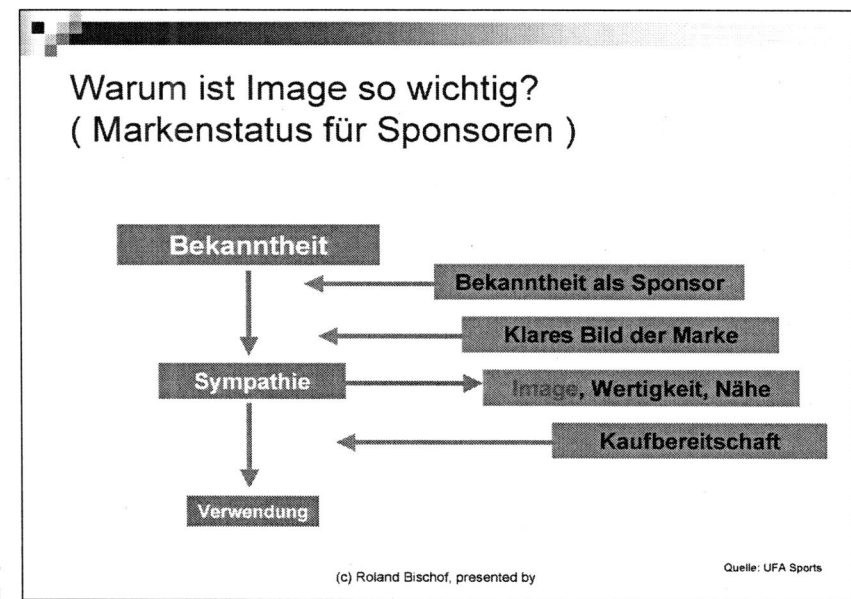

Abbildung 6:
Bekanntheit – Image
– Kaufentscheidung

3. Chancen und Gefahren beim Testimonialsponsoring

Ein ganz spezieller Bereich im Sponsoring ist das Werben mit Prominenten – das Testimonialsponsoring. Derzeit wird in Deutschland circa jedes sechste Produkt in einer TV-Kampagne mit einem Prominenten beworben, Tendenz steigend. In den USA liegt der Wert bereits bei circa jedem vierten Spot. Beim Testimonialsponsoring geht es auch darum, das Image des Prominenten auf die Marke zu reflektieren. Deshalb wird beim Sponsoring eines Prominenten, auch meist über das reine Branding am Outfit hinaus, eine zusätzliche eigene Kampagne des Sponsors „gefahren", die auf das Testimonial aufbaut oder es zumindest integriert. Bei manchen Sponsoringengagements geht es inzwischen sogar nur noch um die aus den Nutzungsrechten des Sponsorships erworbenen Möglichkeiten für eine selbst gesteuerte Kampagne.

Man kann grob in die Bereiche
- Reines Badging,
- Badging plus Sponsorkampagne,
- Reine Sponsorkampagne,

unterscheiden.

Reines Badging

Beim reinen Badging geht es darum, sein Logo am Testimonial zu platzieren, um somit in die öffentlichkeitswirksamen Auftritte des Testimonials integriert zu werden beziehungsweise entsprechende Präsenz zu erhalten (diese Form findet sich meist im Sportbereich wieder, da ein Opernsänger oder ein Schauspieler schwerlich mit einem Logo gebrandet werden kann).

Beispiel:

Das Unternehmen Klosterfrau wirbt mit seiner Vitamin- und Mineralstoff-Marke Taxofit sehr häufig in dieser Form. So wird das Logo medienwirksam am Outfit des Sportlers (oder des Trainers) platziert. Eine vernetzende Kampagne zum einzelnen Sportler sieht die Sponsoringstrategie nicht vor. Hierbei geht es ausschließlich um Medienpräsenz mit Testimonials (aber auch Vereinen) aus dem Sportumfeld. Beispiele hierzu gibt es unzählige, da die Marke Taxofit diese Botschaft sehr stark streut. Bekannte Gesichter reichen vom Fußball bis hin zum Triathlon. Neben den zahlreichen Fußballvereinen sind es vielleicht derzeit die Box-Protagonisten, die für Taxofit die bekanntesten Gesichter darstellen (Trainer Uli Wegner, Arthur Abraham, Markus Beyer et cetera). So findet man Taxofit bei diesen Protagonisten zu jedem Boxkampf entweder direkt am Boxmantel beziehungsweise Gürtel (Boxer) oder aber an der Jacke beziehungsweise Baseball-Cap (Trainer). Wichtig ist jedoch stets, dass das Produkt und das Testimonial in glaubwürdiger Form zusammenpassen und dies ist bei Taxofit gegeben (siehe Abbildung 7 auf Seite 16).

Badging plus Sponsorkampagne

Auch diese Form findet sich hauptsächlich im Sportbereich wieder, da Badging ein Teil dieser Form darstellt. Hierbei geht der Sponsor über die reine Logoplatzierung am Testimonial hinaus und wird durch eigene Maßnahmen selbst aktiv (aktives Sponsoring). Durch diese Form der Vernetzung wird bei professioneller Umsetzung eine überproportionale Wirkung erzielt.

Beispiel:

Ein berühmtes Beispiel hierfür ist der ehemalige Schwergewichts-Boxer Axel Schulz und sein Sponsor, der Haushaltsartikelhersteller Fackelmann. Fackelmann wählte das Branding auf dem Baseball-Cap, das Axel Schulz nach seinem Karriereende in jedem öffentlichen Auftritt zierte. Gleichfalls schaltete der Sponsor aber auch Anzeigen, TV-Spots et cetera und nutzte somit seine Nutzungsrechte für eigene werbliche Auftritte in Verbindung mit dem Testimonial.

Abbildung 7: Markus Beyer wirbt für taxofit

Reine Sponsorkampagne

Diese Form kommt am häufigsten vor. Hierbei finden wir Prominente aller Genres, von Sport bis Musik. Dem Sponsor geht es hierbei nicht um die Medienpräsenz in die er sich integrieren könnte, sondern nur um die Nutzung des „Gesichts".

Die mediale Präsenz und auch die anderen kommunikativen Einsatzmöglichkeiten werden durch den Sponsor selbst gesteuert.

Beispiele:

(Fußball) Thomas Helmer war der offizielle WM-Botschafter des offiziellen Hauptsponsors der FIFA Fußball-Weltmeisterschaft, dem Unternehmen AVAYA. Avaya integrierte den ehemaligen Nationalspieler in zahlreiche Unternehmensmaßnahmen im Rahmen der FIFA Fußball-Weltmeisterschaft.

Abbildung 8: Thomas Helmer, AVAYA-Testimonial

(Boxen) Die Klitschko-Brüder werden seit Jahren durch den Ferrero-Konzern gesponsort und treten als Testimonials erfolgreich für das Produkt „Milchschnitte" in Erscheinung – ohne das „Milchschnitte" als Badge bei den Boxkämpfen dabei ist.

(Unterhaltung) Johannes B. Kerner wurde durch den Konzern Coca-Cola als Testimonial verpflichtet und wirbt seitdem für die Marke Bon Aqua. In seinen TV-Shows und seinen anderen Auftritten ist er natürlich nicht gebrandet.

Warum entscheiden sich Sponsoren für Testimonialsponsoring?

Ein Sponsor erhofft sich dadurch eine erhöhte Aufmerksamkeit (insbesondere wenn seine Produkte mit denen des Wettbewerbs austauschbar sind), da jeder potenzielle Konsument täglich unzähligen Werbebotschaften gegenübersteht. Sobald er eine Verbindung mit einem ihm bekannten „Gesicht" herstellen kann, erhöht sich das Erinnerungsvermögen an die Werbebotschaft. Neben der Aufmerksamkeit geht es einigen Sponsoren um Bekanntheit (dies gilt jedoch nur in Verbindung mit starker Medienpräsenz). Kernelement ist jedoch auch hier der Faktor Image, wonach ein Sponsor sich sein Testimonial heraussucht – hierbei muss eine hohe Affinität der Imagewerte zwischen Sponsor und Testimonial bestehen. Möchte der Sponsor zudem noch eine Imagekorrektur vornehmen, muss neben den Affinitäten auch noch der zu korrigierende Wert exakt in die gewünschte Richtung gehen (übersteigert oder gegensätzlich).

Um Sponsoren für ein Testimonial zu gewinnen, muss man die Denkweise von Sponsoren kennen – ebenso wie mögliche Gefahren, die ein Sponsor bei dieser Form des Engagements eingehen kann. Testimonialsponsoring birgt zwar sehr große Chancen und kann bei professioneller Anwendung auch zu hervorragenden Ergebnissen führen, jedoch müssen einige grundsätzliche Gefahrenquellen bei der Auswahl beachtet und diesen entsprechend vorgebeugt werden:

▨ das Testimonial darf nicht stärker sein als die Marke (Überstrahlungseffekt)

▨ das Testimonial muss eine glaubwürdige Affinität zur Marke aufweisen

▨ Planbarkeit beachten: insbesondere aktive Sportler können oftmals nur kurzfristig ihre Termine planen (Ex-Sportler bringen oftmals höhere Planungssicherheit mit)

▨ negativer Imagewandel: private Affären, Doping, unsteter Lebenswandel, Karriereeinbruch (bei der Auswahl unbedingt auch den Charakter des Testimonials prüfen!)

Wenn man die Gefahren kennt, kann man auch entsprechend vorbeugen und sich auf die zahlreichen Vorteile eines Testimonialsponsorings konzentrieren.

▉ **Tipp**

Testimonialsponsoring funktioniert auch im Regionalbereich. Ein beliebter Sportler oder Künstler „aus der Region" kann für ein entsprechendes Sponsoring mit regionaler Ausrichtung mindestens genauso glaubwürdig und erfolgreich sein. Das „Idol-System" praktiziert sich im Großen wie im Kleinen.

4. Die Erstellung Ihres Sponsoringkonzepts

Zum Gewinnen von Sponsoren werden gerne Präsentationen vorbereitet. Meist sind dies Powerpoint-Präsentationen, die potenzielle Geldgeber für ein Projekt begeistern sollen. Es kann nur davor gewarnt werden, schnell eine Präsentation "zusammen zu schustern", die die Unterstützungswürdigkeit des eigenen Projektes aufzeigen soll. Fast immer wird übersehen, dass vor der Akquise die Erstellung eines Sponsoringkonzeptes erfolgen muss. Dieses hat mit der späteren Präsentation (Kapitel 5) zunächst nichts zu tun.

Potenzielle Sponsoren merken sofort, ob sie mit einem möglichen Partner sprechen oder nicht.

In diesem Kapitel erfahren Sie daher zunächst, wie sich Ihr Projekt aus Sicht des Sponsors darstellt. Sie lernen, wie Sie Ihre Leistungen definieren und in einem Sponsorpaket zu einem bestimmten Preis anbieten können.

Abbildung 9: Konzeptionelle Schritte zur Erstellung von Sponsorpaketen

Prüfung sinnvoller Sponsorenintegration

Eine erfolgreiche Sponsorenakquise beginnt bereits im ersten Stadium der Projektplanung. Bevor Sie mit der Erstellung Ihres Konzepts beginnen, ist die Frage zu klären, ob die Integration von Sponsoren überhaupt vorgesehen ist (dies ist nicht identisch mit der Feststellung, dass eine finanzielle Lücke besteht und dadurch automatisch ein Sponsoring eintreten muss). Ist die geplante Einbindung allerdings der Fall, müssen Sie ab diesem Zeitpunkt alle Planungen hinsichtlich integrativer Maßnahmen hinterfragen. Das heißt nicht, dass Ihre Veranstaltung in ausschließlicher Abhängigkeit zum Sponsor steht, sondern vielmehr, dass mögliche Verknüpfungspunkte nicht unbedacht verbaut werden und die Ausgangsposition für eine erfolgreiche Akquise verbessert wird.

Auch wenn die Sponsoren zu diesem Zeitpunkt noch nicht vorhanden sind (was meist der Fall ist), muss deren potenzielle Integration jedoch bereits zu diesem Zeitpunkt mit berücksichtigt werden.

> **Tipp**
>
> Beginnen Sie mit der ideellen Einbindung potenzieller Sponsoren bereits in der konzeptionellen Phase. Hinterfragen Sie jeden Punkt der konzeptionellen Planung im Hinblick auf mögliches Sponsoring.

Hierzu sollten Sie sich folgende Fragen stellen:
- Bin ich in diesem Bereich grundsätzlich bereit, einen Sponsor einzubinden?
- Falls ja, ist eine Sponsoreinbindung in diesem Bereich überhaupt sinnvoll?
- Für den Sponsor?
- Für mich?
- Vom Kosten/Nutzenverhältnis (Mehraufwand)
- Ist eine konzeptionelle Veränderung, ohne die inhaltliche Qualität des Projekts zu mindern, möglich und sinnvoll, um die Situation für ein potenzielles Sponsoring zu verbessern?

> **Tipp**
>
> Im Ergebnis erhalten Sie eine Aufstellung aller Maßnahmen, die sich zur Sponsorintegration eignen.

Definition eigener Leistungen

Im nächsten Schritt gilt es nun, Ihre eigenen Leistungen zu definieren. Ein grundsätzliches Defizit im Sponsoringmarkt besteht sehr häufig darin, dass der Sponsoringnehmer seine eigenen Leistungen nicht kennt beziehungsweise nicht ausreichend definiert hat. Da Sponsoring ein Geschäft von Leistung und Gegenleistung ist, stellt die Kenntnis der eigenen Leistungen einen Basiswert dar.

Auch wenn es unwahrscheinlich klingt: In der Praxis werden häufig Sponsoren durch Sponsorsuchende angesprochen, die keine Vorstellung über die eigenen Leistungen haben. Konfuserweise haben sie jedoch eine klare Vorstellung vom erwarteten Preis. Der Sponsor fragt sich jedoch, wie etwas, was nicht definiert ist, preislich bewertet werden kann – und lehnt ab.

> **Tipp**
>
> Definieren Sie die eigenen Leistungen – sie sind ein unverzichtbarer Basiswert.

Durch die Definition erhalten Sie eine Auflistung, die zum Beispiel so aussehen könnte:

- Aufstellen von Banden (Branding)
- Schaltung von Zeitungsanzeigen
- Druck und Aushang von Plakaten
- Promotionstände auf der Veranstaltung
- Direktkontakte durch Besucher

Da eine Auflistung in dieser Form noch keine allzu große Aussagekraft besitzt, müssen Sie nun versuchen, die Aussagekraft mit den zu diesem Zeitpunkt zur Verfügung stehenden Informationen zu erhöhen (interne Planung).

Tipp

Konkretisieren Sie die Leistungen inhaltlich.

In unserem Beispiel könnte dies wie folgt aussehen:

- *Branding: zwei Banden á 1,00 m × 5,00 m*
- *Schaltung: vierseitige Zeitungsanzeigen in Zeitung XY, Gesamtauflage 260.000 Stück*
- *Druck und Aushang: 3.000 DIN A1 Plakate im Innenstadtbereich*
- *Promotionstände: vier Stück á 20 qm im Eingangsbereich*
- *Besuchererwartung: 10.000 Studenten aller Studienbereiche, Alter zwischen 18 und 29 Jahre*

Oftmals wird Ihnen zu diesem frühen Zeitpunkt die Konkretisierung einzelner Segmente schwer fallen, da diese wiederum von verschiedenen Verhandlungszyklen („wenn-dann-Situation") abhängt. Sie müssen Ihre Planung jedoch nicht

verschieben, bis Ihnen jedes Detail vorliegt. In derartigen Fällen sollte Ihre Darstellung vielmehr das konkrete und realistische Planungsziel wiedergeben, beziehungsweise Ihren derzeitigen Sachstand.

Tipp

Nutzen Sie bei fehlenden Informationen ausschließlich realistische Einschätzungen als Grundlage zur Konkretisierung!

Sie könnten zum Beispiel den Bereich „TV-Berichterstattung" wie folgt verifizieren:

„TV-Berichterstattung"

wird zu

TV-Berichterstattung verschiedener regionaler Sender*; unter anderem Hessischer Rundfunk **

* = realistische Planung; ** = Zusage liegt vor, allerdings noch ohne Volumen

oder zu:

TV-Berichterstattung verschiedener regionaler Sender *; unter anderem 30 Minuten Hessischer Rundfunk**

* = realistische Planung; ** = Zusage mit Volumen liegt vor, allerdings noch ohne Sendeplatz

Sich ausgiebig mit den eigenen Leistungen zu beschäftigen, schärft nicht nur das Bewusstsein zu einer realistischen Einschätzung des Umfangs, sondern bildet auch die notwendige Grundlage für die weiteren Schritte der sponsorrelevanten Selektion und Bewertung.

Bei der Definition und Konkretisierung der eigenen Leistungen wird Ihnen auffallen, dass Sie dem Sponsor teilweise auch die Möglichkeit anbieten könnten, selbst aktiv zu werden. So könnten Sie ihm beispielsweise das Recht einräumen, etwas von Ihnen selbst zu nutzen (zum Beispiel eine Fläche auf Ihrem Eventgelände). Die Übergabe dieser Rechte nennt man Nutzungsrechte. Da eine der wichtigsten Entwicklungen im Sponsoring die zunehmende Aktivität der Sponsoren beziehungsweise ihre Vernetzung mit anderen Kommunikationsinstrumenten ist, haben Sponsoren ein zunehmendes Interesse an diesen Nutzungsrechten. Diese Nutzungsrechte stellen somit einen zusätzlichen Wert dar, den Sie in die eigenen Leistungen integrieren können.

 Tipp
Auch Nutzungsrechte können Bestandteil Ihres Leistungsangebots sein.

Sponsorenrelevanz

Zuordnung der Maßnahmen

Mit der zuvor besprochenen Definition der eigenen Leistungen erhalten Sie den Überblick über den Gesamtumfang Ihres Leistungsangebots. Die Qualitäten der einzelnen Leistungteile sind im Bezug zur Relevanz für den Sponsor natürlich sehr unterschiedlich, daher müssen Sie im nächsten Schritt eine grundsätzliche Unterscheidung treffen zwischen:

▨ Maßnahmen, in die der Sponsor nicht integriert werden kann,

▨ und Maßnahmen, in die der Sponsor integriert werden kann

 Tipp
Prüfen Sie jede Maßnahme und ordnen Sie die jeweilige Sponsorintegration zu.

Hierzu einige Beispiele:

Beispiel ohne Sponsorenintegration
Das Projekt wird durch einen TV-Sender redaktionell beworben; die Nennung des Sponsors erfolgt bei dieser Maßnahme jedoch absprachegemäß nicht.

Beispiel mit Sponsorenintegration
Das Projekt wird mit eigenen geschalteten TV-Spots beworben, in denen die Nennung des Sponsors garantierter Bestandteil der Maßnahme ist (garantierte Integration). Oder: Für das Projekt ist eine TV-Berichterstattung angekündigt. Direkt an zentraler Stelle im Kamerabereich wird ein großes Banner angebracht (wahrscheinliche Integration); außerdem wurden periphere Bereiche gebrandet (mögliche Integration).

Es empfiehlt sich, alle Maßnahmen, in die Sie den Sponsor integrieren möchten, um die Kategorien „garantiert", „wahrscheinlich" und „möglich" zu erweitern und danach zuzuordnen.

 Tipp
Stufen Sie Ihr Leistungsangebot von „garantierte" bis „mögliche" Leistungen ab.

Hierbei ist es nicht entscheidend, ob diese Maßnahme am Ende für alle Sponsoren oder nur für einen Sponsor zur Verfügung steht – entscheidend ist hierbei ausschließlich die grundsätzliche Möglichkeit!

Relevanz der Maßnahmen

Zuvor haben Sie jeder Ihrer definierten Leistungen einen Grad der möglichen Sponsorenintegration zugeordnet; nun stellt sich die Frage, wie dies die Sponsoren bewerten? Für den Sponsor stellt sich die unterschiedliche Gewichtung der einzelnen Kategorien auch als unterschiedliche Relevanz der Bewertung dar.

 Tipp

Die einzelnen Kategorien besitzen für den Sponsor unterschiedliche Relevanz.

Die folgenden Beispiele machen die häufigsten Standpunkte eines Sponsors deutlich.

Die Relevanz der Maßnahmen ohne Integration des Sponsors

Anhand dieser Maßnahmen beurteilt der Sponsor, ob die angenommenen Grundwerte des Sponsorsuchenden überhaupt realistisch und durchdacht sind. Er kann dadurch einschätzen, ob zum Beispiel die erwartete Besucherzahl eines Events angesichts der Werbemaßnahmen realistisch ist. Diese Maßnahmen fallen ausschließlich in die Grundbewertung über das Projekt und haben meist nur indirekte Auswirkungen auf die Bewertung und Berechnung der angebotenen Leistungspakete.

Die Relevanz der Maßnahmen mit wahrscheinlicher oder möglicher Integration des Sponsors

Diese Maßnahmen werden vom Prinzip her ähnlich beurteilt wie die Maßnahmen mit garantierter Integration, jedoch mit abgeschwächter beziehungsweise stark abgeschwächter Wertigkeit, da das Risiko einkalkuliert werden muss, dass die Maßnahme nicht die gewünschten Ziele oder Kontakte erreicht.

Die Relevanz der Maßnahmen mit garantierter Integration des Sponsors

Bei diesen Maßnahmen handelt es sich um die bewertungs- und sponsorrelevanten Faktoren, aus denen sich in Verbindung mit dem Volumen (Quantität) und der Kontaktwertigkeit (Qualität) die primären Parameter zur Bewertung der jeweiligen Sponsorleistungen bilden. Diese Maßnahmen haben also direkte Auswirkung auf die Bewertung und Berechnung der Sponsorpakete.

Oftmals werden die zu erwartenden Sponsorleistungen von Sponsorsuchenden auch durch die Produktionskosten definiert. Den Sponsor interessieren jedoch ausschließlich die für ihn relevanten Leistungen und deren Werthaltigkeit – unabhängig davon, ob die Produktion einen Euro oder eine Million Euro kostet.

 Tipp

Die Produktionskosten eines Projekts sind für den Sponsor absolut irrelevant!

Interne Sponsorenstruktur

Bevor Sie nun die einzelnen „Sponsorenpakete" inhaltlich zusammenstellen können, müssen Sie die interne Sponsorenstruktur festgelegen. Hierbei wird das Verhältnis der einzelnen Sponsorenauftritte zueinander bestimmt (nicht inhaltlich!). Grundsätzlich sei gesagt, dass es keine festen Vorschriften hinsichtlich der Bezeichnung einzelner Pakete sowie der Hierarchie zueinander gibt. Gängige Formen sind nachfolgend kurz beschrieben:

Der Titelsponsor

Namentliche Integration in den Titel („BMW Open"); die Medien müssen den Sponsor praktisch nennen, da sie den Titel nicht zerstückeln können. Es ist das teuerste Paket, das nur einmal vergeben werden kann und möglichst langfristig (drei bis fünf Jahre) verkauft werden sollte. Sonderformen hiervon sind auch im Vereinssponsoring (Telekom Baskets Bonn) sowie im Locationsponsoring (zum Beispiel AOL-Arena) anzutreffen, wobei im Locationsponsoring die Laufzeit aufgrund der Planungssicherheit bei fünf bis zehn Jahren und darüber liegen sollte.

Der Presenter

(Presenting-Sponsor) Der Titel des Projekts wird hierbei meist durch den Zusatz „präsentiert von …", „presented by …", „sponsored by …" oder ähnlichen Formen ergänzt. Der Presenter genießt auch eine übergeordnete Stellung. Sonderformen hierbei sind zum Beispiel Medienkooperationen, die sogar in Kooperation mit einem „normalen" Sponsor auftreten können (SAT1 und Radeberger präsentieren die Rolling Stones).

Der Hauptsponsor

Der Hauptsponsor ist bei Projekten ohne Titelsponsor oder Presenter der wichtigste Partner. Der Hauptsponsor kann jedoch auch identisch mit dem Presenter (beispielsweise UEFA-Champions-League) sein.

Der Co-Sponsor

Bei Projekten, bei denen der Hauptsponsor den wichtigsten Partner darstellt, nimmt der Co-Sponsor die Rolle des unterstützenden Sponsors ein. Er bekommt oftmals auch ähnliche Leistungen, jedoch in abgeschwächter Form beziehungsweise Werthaltigkeit als der Hauptsponsor (zum Beispiel geringere Dominanz in der Platzierung, kleinere Flächen).

Der Side-Sponsor, Event-Sponsor, Supporter, Special-Sponsor …

Diese stehen symbolisch für die zahlreichen Spezial-Pakete mit Fokus auf einen speziellen Bereich. So sollten Sie beim Fokus „Direktkontakte beim Event" hauptsächlich Maßnahmen mit direktem Bezug auf den Event wie zum Beispiel Promotionteam oder Infostand anbieten.

Zusammensetzung der Sponsorenpakete

Bevor Sie die einzelnen Sponsorenpakete nun inhaltlich füllen, bedenken Sie bitte, dass Sie dem Sponsor auch die Möglichkeit geben sollten, Durchdringung zu erreichen. Es macht wenig Sinn, zwanzig Sponsorenlogos auf ein Plakat zu drucken – dies wäre im Branchenjargon ein „Sponsorenfriedhof". Gleichfalls möchten Sie verständlicherweise auch auf keinen der Sponsoren verzichten. Dementsprechend ist die Gewichtung der Inhalte wichtig. Im genannten Beispiel sollten Sie einfach nicht alle Sponsoren auf das Plakat lassen.

Tipp

Steuern Sie über die Inhalte der Sponsorenpakete Ihre Attraktivität.

Die Zusammensetzung Ihrer Sponsorenpakete ist abhängig von der Gesamtheit Ihrer angebotenen Leistungen. Das Gesamtleistungsvolumen der einzelnen Pakete nimmt je nach Gewichtung des Pakets ab, Einzelleistungen innerhalb eines Pakets können jedoch auch partiell ansteigen. Die Abstufungen erfolgen entweder in Form der grundsätzlichen Leistungsbereitstellung oder der zu besetzenden Dominanz, Volumen oder Qualität.

Hierzu ein Beispiel: Zusammenstellung von
Sponsorenpaketen

Hauptsponsor
▨ *dominantes Logo auf allen Werbemitteln*
des Projekts
▨ *großes VIP-Kartenkontingent*

Co-Sponsor
▨ *Logo auf ausgewählten Werbemitteln in geringerer Dominanz (Größe)*
▨ *mittleres VIP-Kartenkontingent*

Spezial-Paket VIP-Eventsponsor
▨ *keine Präsenz auf den Werbemitteln*
▨ *großes VIP-Kartenkontingent*

Sie sollten immer versuchen, auf spezielle Wünsche (Zielsetzungen) des Sponsors flexibel und unproblematisch einzugehen. Zwar benötigt der Sponsor bestimmte fixe Rahmenbedingungen, jedoch möchte er keine Leistungen zahlen, die für ihn unnötig sind (Streuverluste). Die Möglichkeit einer flexiblen Umschichtung einzelner Leistungsgewichtungen sollte deshalb innerhalb eines Pakets bedacht und dem Sponsor im Vorfeld auch mitgeteilt werden.

Tipp

Legen Sie Rahmenbedingungen fest, doch
bleiben Sie inhaltlich flexibel.

Bewertung

Was sind Ihre Leistungen nun wert? Dieses Thema könnte ein Fachbuch allein ausfüllen, obwohl es derzeit noch keine einheitliche Bewertungsrichtlinie gibt. Der FASPO (Fachverband für Sponsoring und Sonderwerbeformen) hat in Abstimmung mit dem Markt jedoch eine allgemein gültige Konvention erarbeitet. Auf dieser Grundlage können Sie den fairen Sponsorpreis durch Experten (professionelle Berater, Institute, Agenturen, Anbieter oder Vermarkter), die über das notwendige Know-how, die Erfahrung und die Vergleichsdaten verfügen, ermitteln lassen, oder alternativ die Preise selbst festlegen. Hierzu ein paar nützliche Hinweise:

Informationen und Tipps

▨ Selbst wenn Ihre gesamte Sponsorenakquise in Eigenregie geplant und durchgeführt werden soll, ist es im Endeffekt meist günstiger, einen unabhängigen Experten zu konsultieren, der in dieser Phase einen Blick auf die Planung wirft, Verbesserungen einbringt, Möglichkeiten optimiert und die Leistungen und Pakete bewertet. Dies spart a) „Lehrgeld" und man kann sich b) bei der Akquise auf die Expertenmeinung berufen, was wiederum das Vertrauen in die Professionalität des Anbieters steigert.

Die Wertigkeit eines Projekts wird für einen Sponsor unter anderem aus den Hauptbereichen Image und Kontaktwertigkeit bestimmt. Demnach gilt es, neben den Kontaktdaten beziehungsweise Werbeträgerleistungen auch den Imagewert des Projekts zu bedenken. Auch dies ist Teil des Gesamtpreises für ein Engagement des Sponsors.

Für die garantierten klassischen Leistungen des Sponsorpakets (TV, Print et cetera) wird der Vergleichswert ermittelt, den der Sponsor bezahlen müsste, würde er die gleiche Anzahl und Qualität an Kontakten mittels der klassischen Werbung generieren wollen. Hierzu werden als Grundlage die Mediadaten der einzelnen Medien genutzt.

Neben den im vorangegangenen Punkt ermittelten, feststehenden (garantierten) Leistungen werden die wahrscheinlichen Leistungen nach dem gleichen System, jedoch geschätzt, ermittelt. Die genaue Wertigkeit der generierten Kontaktdaten wird ohnehin erst nach dem Projekt ermittelt. Es ist absolut normal, dass zwei Sponsoren den gleichen Betrag für das gleiche Paket zahlten, jedoch unterschiedliche Kontaktwertigkeiten generierten, da zum Beispiel Sponsor A länger im TV oder Print sichtbar war als Sponsor B.

Die weiteren Kontaktdaten werden gelistet und bewertet, wobei hier natürlich die Qualität ein entscheidender Bewertungsfaktor ist.

Die Zusatzleistungen werden je nach Art zu einem Wert umgerechnet oder bestimmt.

Ermittlung/Bestimmung/Kontrolle

Folgende drei Schritte sind nun wichtig, um die Bewertung Ihres Sponsorpakets selbst vorzunehmen (nachfolgend eine Übersicht der Bestandteile):

---

1. Schritt: Ermittlung der Werthaltigkeit
↓
2. Schritt: Bestimmung des Preises
↓
3. Schritt: Kontrolle des tatsächlichen Wertes

---

1. Schritt: Ermittlung der Werthaltigkeit

Image und Akzeptanz der Veranstaltung, Akzeptanz des Sponsors, Zielgruppe

Garantierte Medienkontakte durch TV-Spots, Anzeigen usw.

Branding (garantierte/wahrscheinliche/mögliche Kontakte)

Direktkontakte (Besucher), Sichtkontakte (Plakat), Onlinekontakte, Sonstige (SMS)

VIP-Kontakte/B-to-B-Kontakte (Business to Business), VIP-Services

Integration in das Programmheft

Zusatzleistungen, Sonderformen, Nutzungsrechte, Lizenzen, Kartenkontingente

2. Schritt: Bestimmung des Preises

Hierbei bestimmen Sie nun den fairen Marktwert in Abhängigkeit der Faktoren:

Gesamtumfeld

Preis/Leistungsverhältnisse

Wettbewerb- und Sponsorensituation.

Ein entscheidender Faktor für Sponsoren ist die Werthaltigkeit im Verhältnis zum geforderten Preis. Zunehmend werden auch im Sponsoring Staffelpreise eingeführt, da der tatsächliche Wert erst nach dem Projekt ermittelt werden kann. Hierbei wird dann der Preis für die feststehenden (garantierten) Leistungen mit einem Sockelbetrag für die möglichen (wahrscheinlichen) Leistungen addiert. Sollte eine bestimmte Kontaktschwelle erreicht werden, so wird eine Zusatzzahlung vereinbart. Wir sprechen dann von leistungsbezogenen Sponsorverträgen.

Tipp

Beachten Sie das Verhältnis der Werthaltigkeit zum Preis.

3. Schritt:
Kontrolle des tatsächlichen Werts

Nach der Abwicklung des Projekts erfolgt eine Kontrolle, die oftmals mit Leistungs- und Wirkungskontrolle bezeichnet wird. Die Begriffsdefinition ist zwar grundsätzlich richtig, jedoch muss unbedingt klargestellt werden, dass es sich hierbei um zwei unterschiedliche Verfahren handelt.

Leistungs- und Wirkungskontrolle

Anhand der Leistungskontrolle können Sie die verabredeten Leistungsumfänge kontrollieren und den tatsächlich erfolgten Leistungsumfang aufzeichnen.

Beispielhafte Leistungsvereinbarung:
Laut Sponsorvertrag stellen Sie eine bestimmte Bandenfläche zur Verfügung. Außerdem garantieren Sie, dass diese Bande mindestens zehn Minu-

ten klar erkennbar im TV-Bild des übertragenden Senders zu sehen ist.

Die Leistungskontrolle zeigt nun auf, ob die besagte Fläche für den Sponsor zur Verfügung stand. Darüber hinaus offenbart die Werbebotschaftsanalyse, ob und wie lange beziehungsweise mit welcher Sichtbarkeit die Bande im Bild war. Anhand dieser Leistungswerte können Sie zudem, in Verbindung mit weiteren bekannten Mediawerten, die Wertigkeit dieser Maßnahme feststellen.

Tipp

Die Leistungskontrolle bietet Ihnen einen Überblick über die erfolgten Maßnahmen. Sie wird in der Regel vom Anbieter/Vermarkter durchgeführt!

Vorreiter im Bereich der Werbebotschaftsanalyse war IFM Medienanalysen, die neben der reinen TV-Beobachtung auch ein eigenes Berechnungsmodell anbieten. Inzwischen ist die ehemalige Monopolstellung der IFM aufgebrochen und andere Institute bieten diese Leistungen auch an.

Im Printbereich gibt es ähnliche Anbieter, nur dass hier der Markt weitaus vielfältiger ist. Die drei Marktführer in Deutschland sind ausschnitt.de, Landau Media und Observer und teilen sich den Großteil des Marktes.

Ein Sponsorprojekt durch ein Medienbeobachtungsinstitut mitverfolgen zu lassen ist durchaus sinnvoll (Sie können dies natürlich auch mit dem Sponsor absprechen, um Überschneidungen zu vermeiden; Sponsoren lassen eigentlich fast alle „tracken"). Das Prinzip ist denkbar einfach. Das

Medienbeobachtungsinstitut liest täglich mehrere tausend Zeitungen und filtert Artikel mit den angegebenen Schlüsselwörtern (Sponsornennungen) beziehungsweise Bilder mit Sponsornennung heraus.

Dies wird mit den relevanten Daten zu Verbreitung, Reichweiten et cetera aufgearbeitet, so dass hieraus die Analyse der Mediaäquivalenz beziehungsweise Kontaktmengen erstellt werden können (oder Sie lassen dies gleich durch das Institut erledigen). Vorteil dieser Institute ist, dass es sich meist um leistungsabhängige Bezahlung handelt, das heißt, Sie zahlen nur ein geringes Fixum und dann eine Gebühr pro Ausschnitt.

Ähnliche Beobachtungsinstitute, die Ihnen die Berechnungen erleichtern, gibt es auch für die anderen Mediengattungen. Dennoch müssen Sie die Berechnungsgrundlagen erlernen, um damit fachgerecht arbeiten und argumentieren zu können.

Die Wirkungskontrolle ist hingegen eine Maßnahme, die auf der Sichtbarkeit und der daraus resultierenden Wirkungen der Werbebotschaften basiert. Da die Wirkung von zahlreichen Faktoren abhängig ist, die der Anbieter/Vermarkter nicht verantworten kann (Design, CI, Größe, Assoziationsstärke, Lesbarkeit und vieles mehr), wird die Wirkungskontrolle normalerweise hauptsächlich vom Sponsor durchgeführt.

Beispiel Wirkungskontrolle Bandenwerbung:

Der Sponsor prüft nun, welche Wirkung seine Bandenwerbung bei der gewünschten Zielgruppe hatte. Hierbei kann er von der Akzeptanz über die Erinnerungswerte bis zur Durchdringung seiner Maßnahme alles abfragen. Da die Wirkung von

vielen Faktoren abhängig sein kann, auf die der Sponsoringnehmer gar keinen Einfluss hat (zum Beispiel Gestaltung der Bande durch den Sponsor, Assoziationsstärke der Marke et cetera), liegt die Verantwortung sowie die Kontrollmaßnahme üblicherweise beim Sponsor.

Tipp

Die Wirkungskontrolle (und deren Kosten) gehört zu den Aufgaben des Sponsors.

Rechenbeispiel für die Leistungskontrolle aus dem Bereich TV

Damit Sie nun Ihren Maßnahmen einen Werbewert zuordnen können, müssen Sie eine Vergleichbarkeit zur klassischen Werbung schaffen, quasi den Vergleich: Sponsoring versus klassische Werbung.

Das Grundsystem am Beispiel des TV-Spots ist unter Berücksichtigung der Berechnungseinheiten und Rechengrundlagen auch auf andere Bereiche, wie zum Beispiel Print, Hörfunk und Internet, adaptierbar.

Es wird also das Verhältnis zwischen Sponsoringkosten und errechneten Schaltkosten hergestellt. Im gezeigten Beispiel wäre dies:

Schaltkosten : Sponsoringkosten
26.000 : 21.000 = 6:1

Lesebeispiel: Um die gleiche On-Screen-Zeit bei gleicher Kontaktzahl zu erreichen, muss bei der klassischen Werbung sechsmal mehr bezahlt werden als bei der Sponsoringmaßnahme. (Wie bereits erwähnt, geht es hier nicht um die Wirkungskontrolle!) Im Umkehrschluss erhielte der Sponsor für das Budget der klassischen Werbung die sechsfache On-Screen-Zeit durch Sponsoring.

Sponsoringkosten : Schaltkosten
21.000 : 126.000 = 1:6 = 16,7 Prozent
Lesebeispiel: Um die gleiche On-Screen-Zeit bei gleicher Kontaktzahl zu erreichen, wird beim Sponsoring nur 16,7 Prozent des Aufwands von klassischer Werbung benötigt.

Sponsoringkosten : TKP-Einheiten
21.000 : 18.000 = 1,17

Lesebeispiel: Beim Sponsoring fällt ein TKP von 1,17 Euro bei dieser Maßnahme an. Bei dieser Sponsoringmaßnahme beträgt der Preis für 1.000 Kontakte mit einer Dauer von jeweils 30 Sekunden 1,17 Euro (der Vergleichswert hierzu sind die 7,00 Euro der klassischen Werbung). Der TKP wird im Sponsoring teilweise auch mit TSP (Tausender Sponsoring Preis) bezeichnet. Sie können außerdem, identisch mit der klassischen Werbung, den Affinitätsindex zur Verhältnismäßigkeit der Kontaktqualitäten hinzuziehen.

▮ Tipp

Durch die Wertberechnung erhalten Sie wichtige Argumente für Ihr Sponsoring.

Eine maßgebliche Grundlage zur Werterrechnung sind die mit der Maßnahme erreichten Kontakte (in Quantität und Qualität).

Kontaktquantität

In der Vergangenheit hat sich in der noch jungen Disziplin Sponsoring oftmals ein großes Problem ergeben. Es existierten (und existieren) zahlreiche Berechnungsmodelle nebeneinander, die in sich zwar schlüssig und nach dem gleichen System meist auch eine Vergleichbarkeit erlauben würden, deren Ergebnisse sich häufig jedoch nicht untereinander vergleichen lassen. Teilweise aus Unkenntnis oder fehlender Transparenz, teilweise um sich Wettbewerbsvorteile zu verschaffen oder auch nur aus der nicht einwandfrei geklärten und festgeschriebenen Berechnungsbasis heraus wurden zudem häufig „Äpfel und Birnen" verglichen. Dies passierte oftmals allein schon aus dem missverständlichen Ansatz heraus, was denn nun „ein Kontakt" sei beziehungsweise wie dieser gezählt werde.

Zu der Problematik hier ein kleines Beispiel:
Anbieter A spricht von 30 Millionen TV-Zuschauern, Anbieter B spricht von 3 Millionen TV-Zuschauern für seine Veranstaltung. Beide verlangen vom Sponsor die gleiche Summe – dem ersten Augenschein nach eine leichte Entscheidung für den Sponsor: zehnfache TV-Kontakte für das gleiche Geld. So kann es sein, dass Anbieter B somit vielleicht eine vorschnelle Absage erhält, obwohl er eigentlich das bessere Angebot hat. Denn: das Angebot sagt so noch nichts über die Kontakte aus. Vielleicht bezieht sich die Angabe A auf Bruttokontakte und die Angabe B auf Nettokontakte. In diesem Fall könnte es auch sein, dass Anbieter A eine Veranstaltung mit nur 1 Million TV-Zuschauern (Nettokontakte) und einer Sendedauer mit Sponsorsichtbarkeit von 15 Minuten hat (Nettokontakt multipliziert mit 30 Einheiten á 30 Sekunden =

Bruttokontakt → 1 Million × 30 = 30 Millionen Bruttokontakte).

Somit hätte Anbieter B dreimal so viele Nettokontakte wie Anbieter A. Sollte die Sendedauer bei Anbieter B nun identisch mit der von Anbieter A sein, hätte er sogar 90 Millionen Bruttokontakte. Eine völlig neue Ausgangsposition für die Entscheidungsfindung ...

Der Markt erkannte die Notwendigkeit, eine gemeinsame Basis schaffen zu müssen, von der dann weitergerechnet werden kann. Es geht um den kleinsten gemeinsamen Nenner bei der Festsetzung, was ein Kontakt ist und wie dieser gezählt wird. Quasi eine einheitliche Richtlinie für den Gesamtmarkt auf der basierend alle weiteren Berechnungsmodelle „aufsatteln" können.

Um die Akzeptanz im Gesamtmarkt sicherzustellen, wurde zwischen 2003 und 2005 auf Initiative des FASPO (Fachverband für Sponsoring und Sonderwerbeformen) ein Expertengremium geschaffen, welches in wechselnden Diskussion mit Experten und Marktführern der einzelnen Gattungen sowie Spezialisten anderer Verbände, Sponsoren, Agenturen, Marktforschungsinstitute und Rechteanbietern eine Basis schaffen sollte. Das Ergebnis ist die im Herbst 2005 veröffentliche FASPO-Konvention. Diese liefert erstmals neutrale und verlässliche Eckwerte zur Berechnung von Leistungen im Sponsoring. Es ist ein wichtiger Schritt nach vorne. Denn mit der Konvention haben alle am Sponsoring Beteiligten eine entscheidende Basis für die Zusammenarbeit erhalten. Es gibt endlich eine Definition: „was ist ein Kontakt und wie wird er gezählt". Sie erfasst quasi

den kleinsten gemeinsamen Nenner für bestehende Modelle beziehungsweise Kontaktdefinitionen der verschiedenen Marktteilnehmer.

Die komplette Konvention ist bei der FASPO-Geschäftsstelle in Hamburg beziehungsweise über den Verlag BusinessVillage erhältlich. Für die Erstellung und Beurteilung hochwertiger Sponsorenpakete sollte auf dieses Basiswerkzeug nicht verzichtet werden.

> **Quellentipp:**
>
> Fachverband Sponsoring e.V. (Hrsg.)
> **Konvention zur Ermittlung und Verrechnung von Leistungswerten im Sponsoring**
> FASPO e.V., Hamburg 2005, 75,- Euro
>
> **Bezugsadressen:**
> www.businessvillage.de
> www.faspo.de

Welchen Vorteil hat nun die Verwendung der FASPO-Konvention bei der Erstellung von Sponsoringkonzepten? Der Sponsoringgeber sorgt für Transparenz seines Leistungskataloges und kann gegenüber dem Sponsoren seine Leistungen besser darstellen. Dieses zeigt ein Blick auf die Inhalte.

Entscheidende Inhalte der FASPO-Konvention:

Die FASPO-Konvention wurde auf bestehenden Grundlagen der Werbewirtschaft gegründet. Sie berücksichtigt die Regelungen des gültigen „ZAW-Rahmenschemas für Werbeträgeranalysen" (ZAW = Zentralverband der deutschen Werbewirtschaft). Es sollte keine neue Währung für Kommunikationsleistungen geschaffen werden, sondern Wert auf eine Integration von Sponsoring mit den klas-

Ermittlung/Bewertung/Kontrolle der Sponsorleistung „Bandenwerbung im TV"

Konkrete Beschreibung der Sponsorleistung:

Botschaft (Bande mit Logo) klar erkennbar im Bild:	10 Min. /600 Sek.
Erzielte Reichweite übertragender Sender:	0,9 Mio. Zuschauer
TKP (Tausender-Kontakt-Preis)	
des Senders zu dieser Sendezeit:	7 Euro
Sponsorpreis für diese Maßnahme (anteilig am Gesamtpreis):	21.000 Euro

1. Schritt: Ermittlung der Werthaltigkeit
= Ermittlung der TKP-Einheiten* der Maßnahme

(Minuten × 0,5)   × (Zuschauer ÷ 1000)   = TKP-Einheiten* oder
(Sekunden ÷ 30)   × (Zuschauer ÷ 1000)   = TKP-Einheiten*

(10 ÷ 0,5)   × (900.000 ÷ 1000)   = 18.000 TKP Einheiten oder
(600 ÷ 30)   × (900.000 ÷ 1000)   = 18.000 TKP Einheiten

eine TKP-Einheit im TV beschreibt 1000 Kontakte bei 30 Sekunden On-Screen-Zeit. Daher wird bei der Minutenberechnung die Anzahl halbiert.

2. Schritt: Bestimmung des Preises:
= Was würde die Maßnahme als Werbespot kosten?

TKP-Einheiten × TKP = Werbewert
18.000   **× 7,00 = 126.000 Euro**

Lesebeispiel: Um die angegebene On-Screen-Zeit und Kontaktanzahl mittels klassischer Schaltung zu erreichen, werden 126.000 Euro an Schaltkosten benötigt.

3. Schritt: Kontrolle des tatsächlichen Wertes
Über die Vergleichbarkeit der Wertinhalte streiten die Experten. Die eine Meinung besagt, dass ein Sponsoring nicht die intensive Wirkung eines TV-Spots hat, die andere Meinung besagt, dass ein Sponsoring besser wahrgenommen wird, da es in das emotionale Umfeld integriert ist und überdies nicht „weggezappt" werden kann. Tiefer in diese sicherlich interessante Diskussion einzugehen, würde jedoch den Rahmen dieses Buches sprengen. Fakt ist jedenfalls, dass bei Sponsorings die gleichen On-Screen-Zeiten grundsätzlich günstiger angeboten werden (müssen) als die vergleichbaren Schaltkosten von TV-Spots.

sischen Werbeformen gelegt. Denn der Erfolg und die Verwendung von Sponsoring ist nicht zuletzt von der operativen Umsetzung und dort von der Integration in die Marketing- und Mediaplanung abhängig. Mit der FASPO Konvention wird dies möglich. Sponsoring wird vergleichbarer und leichter einsetzbar. Generell wird beim Sponsoring zwischen drei Ebenen unterschieden:

- Werbeträger,
- Werbemittel und
- Werbebotschaft.

Werbeträger können sein: Events, Ligen, Teams, Sportler, Vereine, Kulturveranstaltungen oder soziale Projekte et cetera.

Werbemittel können sein: Banden/Banner, Floatables, cam-carpets, Trikot, Sponsorboards, Pressewände et cetera.

Werbebotschaft ist das Logo oder der Schriftzug, der auf dem Werbemittel platziert wird.

Wichtig: Bei der ex-ante-Bewertung (Planungsphase) durch den Anbieter/Vermarkter bezieht sich die Schätzung der wahrscheinlichen Sichtbarkeit im Verhältnis zur Sendedauer nicht auf die Werbebotschaft, sondern auf das Werbemittel!

Die direkte Bewertung der Werbebotschaft kann bei der ex-post-Bewertung dazu genommen werden; oder der Sponsor macht dies in Eigenverantwortung, denn diese Werte sind ohnehin maßgeblich für ihn.

Die Zielsetzung: Sponsoring wird über Sponsoring-Kontakteinheiten zählbar

Schritt 1:
Es wird festgelegt, welche Formate und Frequenzen bei den Sponsoringexpositionen in verschiedenen Medien die „Sponsoring-Kontakteinheit" bilden.

Schritt 2:
Darüber hinaus wird festgelegt, welche Reichweiten der einzelnen Medien überhaupt nur zur Verrechnung herangezogen werden können; wir sprechen hierbei von Medien-Kontakteinheiten (Kontaktwahrscheinlichkeiten, Kontaktchancen).

Schritt 3:
Hierbei wird die Verrechnung der beiden ermittelten Werte aus Schritt 1 und Schritt 2 dargestellt, sowie die „Sponsoring-Kontaktsummen" (inklusive Vor-Ort-Kontakte) ermittelt.

Sponsoringkontakteinheit
Zur Ermittlung der Kontakteinheit muss vorab die Kontaktzahl ermittelt werden. Dies erfolgt beispielsweise bei einem Event durch Ermittlung der Besucherzahl.

Doch bereits jetzt stellen wir fest, dass verschiedene Quellen auf unterschiedliche Angaben kommen. Oftmals weichen beispielsweise die gemachten Angaben der verkauften Eintrittskarten beim Finanzamt mit denen der Polizei oder denen auf der Pressekonferenz vermittelten Zahlen voneinander ab.

Es gilt also hierfür eine gemeinsame „Datenquelle" zu finden, auf die sich vereinbart wird. In vielen Bereichen gibt es hierzu bereits Datenquellen, die genutzt werden können.

Datenquellen zur Kontaktzählung:

AGF/GfK (Fernsehen)
Hörfunk: MA Hörer pro Stunde (Hörfunk),
MA/AWA LpA (Zeitungen/Zeitschriften),
IVW verbr. Auflage (Zeitungen/Zeitschriften),
IVW Visits oder AGOF Unique User (Online),
MA-PMA (Plakat)

Nähere Begriffsdefinitionen zu diesen bestehenden Erfassungsstellen der Mediennutzung finden sich am Ende des Buches. Beim Event sind es übrigens die offiziell veröffentlichten Zahlen des Veranstalters oder die Angaben der Polizei, die verwendet werden sollten.

Um Vergleichbarkeit untereinander herzustellen, muss noch eine Einigung gefunden werden, in welcher Einheit gezählt wird. Im TV ist es üblich, in 30-Sekunden Einheiten zu zählen, das heißt, die „Kontakteinheit" ist die Sichtbarkeit in 30 Sekunden. Diese Einheit erklärt, ab wann der Kontakt als voller Kontakt gezählt werden darf. Würde die Sichtbarkeit nur 15 Sekunden betragen, hätten wir entsprechend nur einen halben Kontakt. Auch die anderen Medien/Werbeträger haben ihre Bemessungsgrundlagen:

Kontakteinheiten im Sponsoring nach Medien/Werbeträger :

Fernsehen: 30-Sekunden-Einblendung
Hörfunk: Beitrag mit Nennung
Zeitungen/Zeitschriften:
Artikel mit Abbildung oder Nennung
Online: Seite (Pageview) mit Abbildung oder Nennung
Kino: Besucherzählung IVW
Event: durchschnittliche Besucher pro 30 Minuten (Bp30M)

Der Bp30M wird viele Veranstalter interessieren. Er gibt Aufschluss über die Werbemittelkontakte auf einem Event unter Berücksichtigung der Besucherzahlen und einem zusätzlichen Zeitparameter. Der Zeitparameter ist wichtig, denn es macht einen erheblichen Unterschied, ob ein Logo beispielsweise von einen Besucher über 30 Minuten oder über drei Tage wahrgenommen werden konnte. Erst die Kombination in der Kontakteinheit macht Events vergleichbar und damit für Werbetreibende wirklich planbar.

Beispielbewertung eines Events in der Kontakteinheit Bp30M:

Ein Event hat 1.000 Besucher und eine Eventdauer von drei Stunden, das heißt:

$1.000 \times 6 = 6.000$ Bp30M
6.000 Bp30M ÷ 6 =
durchschnittlich 1.000 Besucher pro 30 Minuten

Doch nicht alle Besucher sind stets überall; genauer wäre daher: Ein Event hat insgesamt 1.000 Besucher und eine Eventdauer von drei Stunden, wovon 500 Besucher in der ersten halben Stunde kommen, und weitere 500 in der zweiten halben

Stunde dazu stoßen. Wir hätten also eine durchschnittliche Besucherzahl von 500 während der ersten halben Stunde und 1.000 während der restlichen 2,5 Stunden, das heißt:

*(1 × 500) + (5 × 1000) =
5.500 Bp30M (Werbemittelkontakte gesamt)*

*5.500 Bp30M ÷ 6 (Dauer) =
917 Durchschnittsbesucher pro 30 Minuten*

Nun kann es natürlich sein, dass die Werbemittel an verschiedene Sponsoren verkauft werden. Ein Sponsor, der sich vielleicht aus strategischen Gründen ausschließlich im Einlassbereich einkauft, hat dann natürlich andere Werbemittelkontakte, als ein Sponsor der im Innenraum ist, da „seine" Besucher ja einen viel kürzeren Zeitraum dort verbringen beziehungsweise nur ein Teil der Besucher dort ist.

Beispiel-Differenzierung von Werbeflächen im Event nach Bp30M
Während der ersten halben Stunde unseres Events (siehe vorheriges Beispiel) befinden sich 500 Besucher im Einlassbereich, während der zweiten halben Stunde gehen diese Besucher weiter in den Innenraum und weitere 500 sind nun im Einlassbereich. Während der dritten halben Stunde rücken auch diese weiter in den Innenraum und alle Besucher bleiben während der restlichen Zeit gemeinsam dort.

Werbemittel Einlassbereich:
*500 × 2 (Dauer) = 1.000 Bp30M
(Werbemittelkontakte Einlassbereich)*

*1.000 Bp30M ÷ 2 =
500 Durchschnittsbesucher pro 30 Minuten*

Werbemittel Innenraum:
*(1 × 500) + (4 × 1.000) = 4.500 Bp30M
(Werbemittelkontakte Einlassbereich)*

*4.500 Bp30M ÷ 5 =
900 Durchschnittsbesucher pro 30 Minuten
(während der ersten halben Stunden war ja niemand im Innenraum!)*

Da diese Rechnung ab einer bestimmten Veranstaltungsgröße kaum mehr wirtschaftlich relevant methodisch und systematisch erfasst werden kann, wurde der Einfachheit halber ein Gewichtungsquotient festgelegt, der sich wie folgt darstellt:

Beim Event wird die Kontaktwahrscheinlichkeit des Werbemittels nach Sichtbarkeit und Zeit geschätzt, die dann wie folgt mit einem Quotienten belegt wird (man nennt dies „Gewichtung"):

1,0 = 81 – 100 Prozent
0,8 = 51 – 80 Prozent
0,5 = 31 – 50 Prozent
0,3 = 11 – 30 Prozent
0,1 = bis 10 Prozent

Beispiel-Differenzierung von Werbeflächen im Event nach Bp30M und <u>zusätzlich</u> nach Sichtbarkeit:
Wir schätzen die Werbemittelsichtbarkeit im Einlassbereich auf 16 Prozent.
Wir schätzen die Werbemittelsichtbarkeit im Innenraum auf 84 Prozent.

Einlassbereich:

5.500 Bp30M Werbemittelkontakte ×

0,3 Gewichtung = 1.650 Werbemittelkontakte

Innenraum:

5.500 Bp30M Werbemittelkontakte ×

1,0 Gewichtung = 5.500 Werbemittelkontakte

In diesem Beispiel können wir noch größere Abweichungen feststellen, die jedoch der Vereinfachung geschuldet sind; diese relativieren sich wieder, wenn auch, wie in der Praxis üblich, der Innenraum in seine Werbemittelpositionen unterteilt wird, denn auch dort sind unterschiedliche Werbemittel unterschiedlich sichtbar (In der Praxis wird häufig nur mit dem Ursprungswert gerechnet, der sich auf die Komplettveranstaltung bezieht, also in diesem Beispiel 6.000 Bp30M).

Fazit

Es muss sowohl der zeitliche Faktor der Anwesenheit der Besucher, als auch die Sichtbarkeit des Werbemittels in die Berechnung (oder Schätzung) einbezogen werden, wenn eine vergleichbare Ermittlung des Wertes von Werbeflächen bei Events erfolgen soll. Je transparenter wiederum die Werbeflächen und damit die Werbeleistungen angeboten werden umso attraktiver ist das Event für ein Sponsoring.

Kontaktqualität

Die Bewertung der Kontaktqualität wird meist durch den Sponsor vorgenommen, da diese sehr individuell zu bewerten ist und stark von der Zielsetzung des Sponsoringengagements, der zu erreichenden Zielgruppen (Kernzielgruppen, erweiterte Zielgruppen), der zu bewerbenden Inhalte (Produkt, Dienstleistung, Firmen- oder Brandna-

me et cetera) und noch weiteren Faktoren abhängt. Des Weiteren wird aus der Summe der Kontakte mittels des Affinitätsindex die „Spreu vom Weizen getrennt". Der Affinitätsindex beschreibt die relevante Zielgruppe im Verhältnis zur Grundgesamtheit. Die relevante Zielgruppe kann beliebig bestimmt werden und kann sowohl Autofahrer, Senioren oder Wintersportler beschreiben als auch bezeichnende Eigenschaften wie dynamisch, finanziell unabhängig oder jugendlich.

Da nicht alle erreichten Kontakte für den Sponsor wirklich relevant sind, muss er sich auf die Kontakte konzentrieren, die in sein vorgeschriebenes Affinitätsprofil passen. Wenn man diese Konzentration in die TKP-Berechnung einfließen lässt, erhält man natürlich entsprechend höhere Werte. Gleichfalls können sich bei der Vergleichbarkeit von Engagements auch die Vorzeichen verschieben. Am Besten ist dies an einem einfachen Beispiel darzustellen:

Beispiel:

Sie bieten einem Sponsor ein Klassikkonzert mit 5.000 Besuchern an, ein Wettbewerber bietet dem gleichen Sponsor ein Popfestival mit 25.000 Zuschauern an (wir legen in diesem Beispiel den Fokus nur auf die Besucherkontakte unter der Annahme, dass alle anderen bewertungsrelevanten Faktoren identisch sind). Beide Parteien bieten das Eventsponsorpaket für 10.000 Euro an.

Bei einer rein quantitativen Berechnung führt dies zu einem Besucher-TKP von 2.000 Euro für das Klassikkonzert (10.000 ÷ (5.000 ÷ 1.000)) und 400 Euro bei dem Popfestival (10.000 ÷ (25.000 ÷ 1.000)), das heißt, der Sponsor muss pro tausend

Besucher die er ansprechen kann, entweder 2.000 oder 400 Euro zahlen.

Nehmen wir nun an, unser Sponsor möchte mit seinem Engagement ein Produkt bewerben, bei dem der potenzielle Kunde im Bereich „Besserverdiener, 40+" liegt (40+ steht hierbei für alle über 40-Jährigen). Gelangen wir nun bei der Betrachtung der beiden Events zu dem Ergebnis, dass 80 Prozent des Klassikkonzerts diesem Profil entsprechen, jedoch nur 8 Prozent des Popkonzerts (was bei den meisten Popkonzerten, mit Ausnahme bei den Altstars, schon viel wäre), so kommen wir zu folgenden Zahlen: Beim Klassikkonzert haben wir einen Anteil von 4.000 Besuchern aus der Zielgruppe (80 Prozent von 5.000), beim Popkonzert lediglich von 2.000 Zuschauern (8 Prozent von 25.000). Dies spiegelt sich auch im TKP dieser besonderen Zielgruppe wieder: Beim Klassikkonzert liegt der TKP nun bei 2.500 Euro (10.000 ÷ (4.000 ÷ 1.000)), beim Popkonzert hingegen nun bei 5.000 Euro = (10.000 ÷ (2.000 ÷ 1.000)).

Fazit

Obwohl es sich nach wie vor um die gleichen Veranstaltungen handelt, hat sich Ihre Position gegenüber Ihrem Wettbewerber bei diesem Sponsor durch treffliche Argumentation stark verbessert.

Für den Sponsor sind solche Berechnungen von großer Bedeutung, denn er weiß nun, dass sich der relevante Einzelkontakt bei Ihrer Veranstaltung in der gewünschten Zielgruppe auf 2,50 Euro beläuft – er addiert nun seine Kommunikationskosten (Hostessen, Material, Equipment, Logistik et cetera), die er für die Umsetzung der Kontakt-Anspra-

che benötigt hinzu und bewertet abschließend, ob diese Maßnahme für ihn interessant ist.

Wichtig

Ein „bereinigter TKP" beziehungsweise ein TKP für eine spezielle Zielgruppe höher ist als der TKP der Gesamtkontakte innerhalb der Gattung.

Die Höhe des TKP dient der Vergleichbarkeit innerhalb einer Gattung. Gattungsübergreifend ist der Kundenkontakt im VIP-Bereich natürlich höher als ein bloßer Sichtkontakt auf einer Werbebande.

(Hinweis: es handelt sich hier um die Netto-Besucherzahl, das heißt, die Berechnungen wurden der Einfachheit halber nicht mit einem Zeitparameter versehen. Näheres unter dem Punkt FASPO-Konventionen)

Bewertungsmodell – Beispiel:
IEG Valuation System

Wie bereits erwähnt, gibt es einige unabhängige Modelle zur Bewertung der Leistungsumfänge. Das IEG Valuation System ist international angelegt, unabhängig und gehört zu den bekanntesten Modellen. Es stützt sich vor allen Dingen auf die Ansammlung großer Datenmengen und wird sowohl von Großsponsoren (zum Beispiel Citibank) als auch von Großveranstaltern (zum Beispiel FIFA Fußball-WM) genutzt.

Es ist sehr interessant zu betrachten, nach welchen Faktoren und Kriterien die Events eingestuft werden, und zwar nach:

▨ Tangible Benefits (harte Faktoren)

- Intangible Benefits (weiche Faktoren)
- Geografische Reichweite (Märkte)
- Kosten-Nutzen-Verhältnis (klassische Werbung/Sponsoring)

Die Bereiche werden nach bestimmten Systemen bewertet, sodass eine ausgewogene Gewichtung hergestellt wird.

Tipp

Bestehende Bemessungsgrundlagen bieten Ihnen gute Vergleichsmöglichkeiten.

Tangible Benefits

Die Tangible Benefits werden meist pro Kontakt, Person oder Werbewert bemessen. Es handelt sich hierbei um die direkt messbaren Kontaktwerte beziehungsweise die „harten Faktoren".

Beispiele harter Faktoren:

- Logo auf Tickets, Programmen … (0.0025 bis 0.05 € pro Kontakt)
- Logo auf Bannern, Spots auf Videowall … (0.0035 bis 0.05 € pro Kontakt)
- Einbindung in die klassischen Werbemaßnahmen (fünf Prozent Einbindung in die klassischen Werbemaßnahmen; Ausnahme: Anzeige im Programmheft = Originalschaltkosten)
- Einbindung in das Direct-Mailing, zum Beispiel Newsletter (0.075 bis 0.15 € pro Name/Kontakt)
- Produkt-Sampling (0.04 bis 0.15 € pro Produktkontakt), Kartenkontingente (Originalpreis oder Sponsorrabatt), VIP-Services (10 bis 450 € pro Person)

Intangible Benefits

Die Intangible Benefits bezeichnen die Qualitäten einzelner Projektbereiche. So wird erreicht, dass die unterschiedlichen Qualitäten auch in der Bewertung eine unterschiedliche Gewichtung erhalten.

Beispiel:

Veranstaltung A und Veranstaltung B bieten absolut identische Leistungspakete an. Allerdings sind auf Veranstaltung A sechs Sponsoren vertreten und auf Veranstaltung B zehn Sponsoren. Durch die Bewertung dieses Faktors wird nun die unterschiedliche Leistungsgewichtung erreicht. Der Faktor „Sponsorenanzahl" wird zum Beispiel auf einer Skala von 1 bis 10 bewertet. Eine Veranstaltung mit einer limitierten Sponsorenanzahl von höchstens sechs erhält zum Beispiel 7 bis 8 Bewertungspunkte, ein Projekt mit 10 Sponsoren dementsprechend weniger.

Beispiele weicher Faktoren:

- Image, Bekanntheit, Besucherstruktur
- Sponsor-Exklusivitäten, Sponsorenanzahl, Sponsorenumfeld
- Schutz vor Ambush-Marketing („Trittbrettfahrer")
- Presseberichterstattung, Sponsor-Services, Dokumentation, geografische Reichweite

Auch wenn die „weichen Faktoren" teilweise schwerer oder nur mit erhöhtem Aufwand in rein mathematischer Weise umgerechnet werden können, stellen sie doch extrem wichtige Entscheidungsfaktoren für Sponsoren dar. Aus diesem Grunde ist auch hierbei mit größter Sorgfältigkeit zu arbeiten. Hierzu am Beispiel eines Events einige Notwendigkeiten, die Sie möglichst beachten sollten, um sich eine gute Ausgangsposition bei der Bewertung Ihrer weichen Faktoren zu schaffen:

Image

▓ Positionieren Sie das Image Ihres Events klar.
▓ Arbeiten Sie die drei bis fünf wichtigsten Imagewerte heraus.
▓ Kommunizieren Sie die herausgearbeiteten Schlüsselwerte.
▓ Folgen Sie mit allen Maßnahmen stets Ihrem Image (Imagepflege, Glaubwürdigkeit).

Bekanntheit

▓ Definieren Sie den Bekanntheitsgrad Ihres Events in geografischer Ausdehnung.
▓ Definieren Sie den Bekanntheitsgrad Ihres Events in speziellen Zielgruppen.
▓ Recherchieren Sie Vernetzungsmöglichkeiten mit dem Ziel Bekanntheitssteigerung.
▓ Erhöhen Sie den Bekanntheitsgrad durch zielgenaue Aktionen.

Besucherstruktur

▓ Definieren Sie Ihre Besucherstruktur und erarbeiten Sie ein Besucherprofil.
▓ Recherchieren Sie, ob sich auch „spitze Zielgruppen" (mit einzelnen sehr ausgeprägten besonderen Eigenschaften) wieder finden.
▓ Besucherstrukturen sind nicht generell schlecht oder gut – sie sind allenfalls schlecht oder gut im Bezug auf die Passgenauigkeit zur individuellen Anforderung des Sponsors (Fitting, Affinität)!

Sponsor-Exklusivitäten

▓ Branchenexklusivität erhöht die Wertigkeit und wird im Normalfall auch von den Sponsoren erwartet.
▓ Definieren Sie deutlich, bei welchen Rechten Sie überhaupt zur Weitergabe berechtigt sind.
▓ Definieren Sie die Exklusivitätsbereiche sehr deutlich!
▓ Informieren Sie sich eingehend über mögliche Interessenkonflikte und vermeiden Sie unbedingt eine Doppelvergabe von Exklusivitätsbereichen.

Aufgrund der besonderen Bedeutung und der hohen Fehlerquelle, hier einige kleine Beispiele:
Ein Konzertveranstalter vergibt das Recht des Bierverkaufs an seinen Biersponsor und übersieht, dass sein geschlossener Nutzungsvertrag mit der Veranstaltungshalle die Integration des Generalcaterers der Location vorsieht.

Ein Konzertveranstalter erhält Sachmittelsponsoring eines Biersponsors, darf es aber nicht einsetzen, da der Generalcaterer der Location übergeordnetes Hausrecht genießt. Schlimmer noch, der Biersponsor findet anschließend Bier des Wettbewerbers vor, der einen Generalsponsorvertrag mit dem Generalcaterer geschlossen hat.

Legendär war auch ein Beispiel aus dem Bereich Cricket: Dort sponsorte die Biermarke TETLEY das englische Nationalteam, die Biermarke RED STRIPE sponsorte das Team des Gegners, den West-Indies; gespielt wurde in einer Location, deren Sponsor die Biermarke FOSTER'S war.

> **Tipp**
>
> Alle Verträge im Zusammenhang mit der Eventorganisation auf mögliche Interessenkonflikte mit zu vergebenden Sponsorenrechten im Vorfeld genauestens prüfen und gegebenenfalls nachverhandeln beziehungsweise berücksichtigen.

Sponsorumfeld

Achten Sie auf ein seriöses Sponsorenumfeld. Prüfen Sie die Affinität der Sponsoren untereinander.

Sponsoren bevorzugen ein Umfeld aus der gleichen „Liga".

Das abgestimmte Sponsorenumfeld ist insbesondere bei den großen Sponsorpaketen mit starker Präsenz wichtig

Sponsorenanzahl

Die optimale Sponsorenanzahl ist projektbezogen individuell zu bestimmen.

Zu viele Sponsoren mindern den Wert der einzelnen Pakete. Weniger ist oft mehr!

Trennen Sie bei zu großer Anzahl die Bereiche der Sponsoren.

Ambush-Marketing

Da die Bedeutung von Ambush-Marketing derzeit stark wächst und dieses Thema sehr kontrovers und heftig diskutiert wird, möchte ich hierauf etwas näher eingehen: Ambush-Marketing ist eine sehr spezielle Form und könnte frei mit „Heckenschützen-Marketing" übersetzt werden – noch passender wäre wahrscheinlich der Begriff des „Trittbrettfahrers". Diese Marketingform gibt es im größeren Maße seit den Olympischen Spielen 1984 und wird von Unternehmen gewählt, die kein offizielles Sponsoringpaket erwerben konnten oder wollten. Stattdessen suggerieren die Unternehmen eine Verbindung zum Event und werben mit diesem Thema beziehungsweise Umfeld. Durch die eingesparte Sponsorfee sind die Budgetmöglichkeiten für „Sondermaßnahmen" meist recht groß.

Dies steht dem Engagement des Sponsors oft schädigend gegenüber, weshalb der Ambush-Schutz für den Sponsor durch den Verkäufer der Sponsoringrechte eine wachsende Bedeutung erhält.

Dieser Schutz wird immer aufwendiger und schwieriger und treibt mitunter skurrile Blüten, wie beispielsweise bei der Fußball-Weltmeisterschaft in unserem Lande, wo Hundertschaften von Anwälten unterwegs waren, um die Sponsoren zu schützen. So darf beispielsweise in bestimmten Einzugsgebieten nicht durch den Wettbewerb geworben werden; dürfen zahlreiche Bezeichnungen im Zusammenhang mit dem Event nicht benutzt werden; darf das Thema in zahlreichen Produktgruppen nicht willkürlich aufgenommen werden; müssen Produktbezeichnungen überklebt werden (wenn Wettbewerbsprodukte zwar notwendig aber nicht visuell erwünscht sind); dürfen Wettbewerbsprodukte nicht ausgegeben werden (selbst wenn der offizielle Sponsor nicht in dem Zusammenhang auftreten will) und vieles mehr. (Viele dieser Fälle waren zeitwillig ungeklärt, verursachten so Rechts- und Planungsunsicherheit, beschäftigten zahlreiche Richter und wurden begleitend auch massiv in der Presse diskutiert.) Der Schutz ist bis zu einem bestimmten Punkt aber auch nachvollziehbar, zahlen doch die Sponsoren oftmals große Summen.

Auf der anderen Seite handelt es sich beim Ambush-Marketing häufig nicht um illegale Maßnahmen, sondern vielmehr um cleveres Ausnutzen diverser Freiräume (wobei es diese meist gar nicht geben würde, sollten die offiziellen Sponsoren die Veranstaltungen durch ihre Beiträge nicht überhaupt erst ermöglichen).

Einige legendäre Beispiele sollten diese Art des Marketings besser veranschaulichen:

Bei den Olympischen Spielen 1992 in Barcelona belegte American Express beim offiziellen Hotel der IOC-Familie alle Werbeflächen auf den Zimmerschlüsseln – der offizielle Sponsor des Events war VISA!

Bei den Olympischen Spielen 1994 in Lillehammer buchte American Express TV-Spots und Plakatflächen mit dem Claim, frei übersetzt: "Wenn Sie diesen Winter nach Norwegen reisen möchten, benötigen Sie einen Passport – aber kein VISA" – der offizielle Sponsor des Events war VISA!
Bei den Olympischen Spielen 1996 in Atlanta trug der Leichtathletik-Star Linford Christie während der Pressekonferenz blaue Kontaktlinsen mit dem weißen „Puma-Logo" darin – der offizielle Sponsor des Events war Reebook!

Beim New York Marathon ließ Mercedes Benz seinerzeit den Firmennamen von Flugzeugen großflächig und publikumswirksam in den Himmel schreiben – der offizielle Sponsor des Events war Toyota!

Presse-Berichterstattung

▨ Die Pressearbeit muss unbedingt professionell erfolgen.

▨ Die Presseverantwortlichen müssen über die Sponsorenabsprachen Bescheid wissen.

▨ Stimmen Sie Ihre Pressearbeit mit Ihren Hauptsponsorpartnern ab (eventuell gibt es crossmediale Vernetzungsmöglichkeiten oder bestehende Werbekapazitäten, die Sie mitnutzen können).

Sponsor-Services

Halten Sie ein Spektrum an Möglichkeiten für den Sponsor bereit und gewichten Sie individuell. Ob Shuttle-Service, VIP-Bereich, Business-Talks oder VIP-Catering – die Bedeutung der VIP-Services steigt kontinuierlich.

Dokumentation

▨ Die Einbindung eines Medienbeobachtungsinstituts muss bereits in der Planungsphase zur Dokumentation stattfinden.

▨ Dokumentieren Sie die Erbringung Ihrer vertraglich vereinbarten Leistungen.

▨ Dokumentieren Sie das Projekt in seiner Gänze beziehungsweise die Schlüsselfaktoren.

▨ Dokumentieren Sie die Mehrwerte der Veranstaltung beziehungsweise errechnen Sie Leistungswerte als Argumentationshilfe für Ihren Partner.

Zusätzlich werden bei dem Beispielmodell noch die geografischen Märkte sowie das Kosten/Nutzen-Verhältnis bewertet. Dies geschieht wie folgt:

Geografische Reichweite (Märkte)

Bei der geografischen Reichweite werden die Märkte bewertet, die durch das Sponsoring erreicht werden. Bei diesem System wird im internationalen Bereich nach der Anzahl der Länder abgestuft, gleichwohl aber auch nach Marktqualitäten unterschieden und einer konkreten Skala von Global über National bis Local Minor Market zugeordnet.

Kosten/Nutzen-Verhältnis

Ein sehr wichtiger Punkt ist das Kosten/Nutzen-Verhältnis. Wie schon erwähnt, wird ein Sponsoring generell günstiger angeboten als die Summe der einzeln ermittelten Werte. Hierfür ist ein Schlüssel erforderlich, das heißt, es wird ein Faktor benötigt, der Sie von der ermittelten Werthaltigkeit des Sponsorpakets auf den zu zahlenden Sponsorpreis führt.

Im IEG Valuation System gibt es hierfür zwei Schlüsselfaktoren:

 Faktor 1,5

 Faktor 3

Der Faktor 1,5 wird bei allen Projekten zur Anwendung gebracht, die grundsätzlich nicht medialastig sind. Von Medialastigkeit wird gesprochen, wenn der Mediawert den dreifachen Wert aller sonstigen Anbieterleistungen übersteigt (> 75 Prozent).

> **Tipp**
> Die Medialastigkeit bestimmt das Verhältnis der Werthaltigkeit zum Preis.

Bei den folgenden Berechnungen müssen Sie den Wert von „Anzeigen im Programmheft" vor der Berechnung subtrahieren und dürfen ihn erst nach dem Ergebnis zur Zwischensumme wieder addieren. Dies ist eine Sonderregel bei der Preisberechnung mit Schlüsselfaktoren.

Rechenbeispiel für Faktor 1,5
(Projekt ohne Medialastigkeit):
Anzeigen im Programmheft:
5.000 € Sponsorleistungen
Mediawert: 15.000 € Sponsorleistungen
Sonstiges: 30.000 €

(Leistungen des Anbieters –
Werbeanzeigen in Anbieterprodukten) ÷ 1,5
(50.000 € – 5.000 €) ÷ 1,5
= 30.000 € (Zwischensumme)

Zwischensumme 30.000 €
+ Werbeanzeigen in Anbieterprodukten
+ 5.000 €
= 35.000 € (Sponsorfee/Sponsorsumme)

Die Sponsorsumme ist 35.000 €
(Der Wert der Sponsorleistung beträgt 50.000 €)

Rechenbeispiel für Faktor 3
(Projekt mit Medialastigkeit):
Anzeigen im Programmheft:
5.000 € Sponsorleistungen
Mediawert: 120.000 € Sponsorleistungen
Sonstiges: 30.000 €

(Leistungen des Anbieters –
Werbeanzeigen in Anbieterprodukten) ÷ 3
(155.000 € – 5.000 €) ÷ 3
= 50.000 € (Zwischensumme)

Zwischensumme
+ Werbeanzeigen in Anbieterprodukten 50.000 €
+ 5.000 €
= 55.000 € (Sponsorfee /Sponsorsumme)

Die Sponsorsumme ist 55.000 € (Der Wert der Sponsorleistung beträgt 155.000 €)

Die ist nur ein Beispielmodell aus einer Vielzahl noch im Markt existierender, parallel zueinander angewandter Berechnungsmodelle. Durch die FASPO-Konventionen soll bei der bestehenden Vielfalt zumindest erreicht werden, dass von einem gemeinsamen Nenner als Berechnungsgrundlage ausgegangen wird.

Auswahl potenzieller Sponsoren

Nun heißt es für Sie, die richtigen potenziellen Partner zu sondieren. Eine Planung der anzusprechenden Sponsoren spart Ihnen im späteren Status der Umsetzung kostbare Zeit, verhindert Enttäuschungen und schafft zudem potenzielle neue Möglichkeiten durch mehr Wissen und die Erweiterung bestehender Strukturen.

Bei der Auswahl potenzieller Sponsoren beachten sie bitte folgende Punkte:

Recherche, Recherche, Recherche!

Über jeden potenziellen Sponsor benötigen Sie grundsätzliches Wissen bezüglich Unternehmenskultur, Produktpalette, Unternehmensstruktur inklusive des Unternehmensverbandes, andere Sponsoringengagements, Marketingbesonderheiten und, falls möglich, Markenstrategie.

Branchenliste

Es ist hilfreich, sich eine Liste aller in Frage kommenden, respektive aller auszuschließenden Branchen zu erstellen.

Tops/Flops

Zu den einzelnen Branchen sollten die Unternehmen, die Ihrem Ermessen nach besonders gut in die Projektstruktur passen, ebenso aufgeführt werden wie Unternehmen, die Sie von vornherein ausschließen.

Update

Mit jeder Zusage eines Sponsors müssen Sie ein Update Ihrer Listen durchführen, denn mit jeder Partnerschaft verändern sich die Rahmenbedingungen für die Affinität der Sponsoren untereinander, Mitbewerbersituationen et cetera.

Affinität

Die Affinität der Sponsoren zueinander muss stimmen.

Akzeptanz

Welche Sponsorengruppen werden von der Zielgruppe überhaupt/ nicht akzeptiert?

Glaubwürdigkeit

Erfolgreiche Sponsorpartnerschaften können nur entstehen, wenn die Glaubwürdigkeit gegeben ist. Bevor Sie einen Sponsorplatz mit einem unglaubwürdigen Sponsor besetzen, sollte er besser freigelassen werden.

Kompensationssponsoring

Gibt es bestimmte Bereiche in der Kalkulation, die besonders gut durch einen Kompensationssponsor (Sachmittel- oder Dienstleisungssponsoring) abgedeckt werden können? Diese Sponoren gehören ganz nach oben auf Ihre „Watchlist".

Integration der Marktforschung

Die Marktforschung liefert wichtige Daten (und dadurch auch Argumente) zu sponsorrelevanten Themen wie zum Beispiel Sponsorenakzeptanz, Image, Affinität, Fitting, Likes/Dislikes. Die Marktforschung ist auch ein wichtiger Bestandteil der Sponsoringplanung, nicht nur der Kontrolle. Bei den gängigen Instituten gibt es hierzu kostengünstige Grundlagenstudien.

Einsatz von Marktforschungsinstituten bei der Planung

An dieser Stelle bietet es sich an, Ihnen einen kleinen Überblick über eine mögliche Integration von Marktforschungsinstituten bei der Planung zu liefern. Wie können uns die Ergebnisse der Institute helfen, insbesondere bei der Auswahl der richtigen, anzusprechenden Sponsoren?

Die wichtigste grundsätzliche Erkenntnis im Bezug auf Marktforschungsinstitute ist, dass uns die Institute nicht nur im Controlling, sondern besonders auch bei der Planung helfen können. Um zu wissen, welcher Sponsor für uns affin sein könnte, um ihn dann später als möglichen Partner gewinnen zu können, müssen Sie sich erstmal Klarheit über Ihr eigenes Projekt verschaffen, zum Beispiel über folgende Fragen:

- Welche Bekanntheit genießt das Projekt in der Bevölkerung/Zielgruppe?
- Welche Sympathie genießt das Projekt in der Bevölkerung/Zielgruppe?
- Welches Image genießt das Projekt in der Bevölkerung/Zielgruppe?
- Welche Eigenschaften verkörpert es?
- Wie beurteilt dies die mögliche Zielgruppe die angesprochen wird?
- Welche Akzeptanz hat das Projekt in der Zielgruppe?
- Was sieht die Zielgruppe als besonders glaubwürdig/unglaubwürdig?
- Welche Sponsoren passen nach Ansicht der Zielgruppe besonders/gar nicht zum Projekt?
- Wie findet die Zielgruppe ein Engagement von Sponsoren bei dem Projekt?
- Welche Eigenschaften hat die Zielgruppe des Projekts?
- Welche demografischen Daten hat die Zielgruppe des Projekts?
- Welches Nutzerverhalten hat die Zielgruppe des Projekts?

Allein diese Aussagen verschaffen Ihnen schon ein klares Bild über die Positionierung Ihres Projekts (eine tiefere Forschung wie beispielsweise semiometrische Daten müssen in dieser Phase erstmal nicht unbedingt erhoben werden). Mit den Ergebnissen dieser Fragen, insbesondere wenn diese repräsentativ sind, haben Sie schon eine wirkliche Argumentationsgrundlage beim Sponsor.

Beispiel:

Bei einer Umfrage stellt sich heraus, dass ein Event in der Zielgruppe bekannt und beliebt ist, die Besucher ein Engagement von Sponsoren als durchweg positiv beurteilen und ein Großteil der Besucher eine Partnerschaft mit einem Unternehmen aus der Branche XY als sehr positiv empfinden würden. Sprechen Sie nun Unternehmen aus der Branche an, haben Sie durch die Ergebnisse eine stark verbesserte Argumentationslinie. Zudem können Sie dem Unternehmen Daten über Projekteigenschaften liefern, die der potenzielle Sponsor nun mit denen der Marke abgleichen und sich in der Affinität bestätigt sehen kann.

Wichtig

Man unterscheidet bei Studien immer zwischen „ungestützten" und „gestützten" Ergebnissen. Bei Fragestellungen ohne Antwortvorgaben spricht man von „ungestützt", bei Fragestellungen mit Antwortvorgaben spricht man von „gestützt". Ungestützte Ergebnisse liegen somit höher als gestützte.

Beispiel:

Ungestützt → Welche Sponsoren würden zum Projekt passen?

Gestützt → Würde Sponsor XY zum Projekt passen?

Bei der Zusammenarbeit mit einem Marktforschungsinstitut (auch MaFo-Institut genannt) sollte man sich auf die Institute konzentrieren, die mit der Materie Sponsoring schon Erfahrung haben. Auch muss die eigene Zielsetzung, für welche Zwecke Sie die Studienergebnisse einsetzen möchten, von Ihnen schon definiert sein. Viele Institute bieten die Befragung online und offline (telefonisch, persönlich) an. Für was Sie sich entscheiden, hängt mit Ihren Zielsetzungen zusammen. Wenn für Ihre Befragung beispielsweise das Zeigen eines Fotos wichtig ist, bietet sich ein Telefoninterview ent-

sprechend weniger an. Besprechen Sie dies mit dem Institut. Nachfolgend eine kleine Auswahl an Instituten mit Sponsoringerfahrung:

- ComCult (online spezialisiert)
- Ipsos (sehr große Erfahrung)
- Pilot (in Zusammenarbeit mit MaFo)
- smart research (online spezialisiert)
- Sport + Markt (sehr große Erfahrung)
- tns sport (emnid) (sehr große Erfahrung)

Die Kosten hängen entsprechend mit dem erforderlichen Umfang zusammen. Sie bekommen aussagekräftige Grunddaten zwischen 5.000 bis 10.000 Euro; es macht also keinen Sinn, eine Studie in Auftrag zu geben, wenn die zu generierenden Sponsorfees zu niedrig sind.

In diesem Fall sollten Sie direkt bei den MaFo-Instituten anrufen und fragen, ob es in Ihrem Bereich schon allgemeine Studien gibt, von denen Sie partizipieren können. Einige Institute legen für dieses Kundenpotenzial nämlich auf eigene Kosten Studien an, die durchaus interessante Inhalte bieten und nur einen Bruchteil kosten, da sie nicht individualisiert sind und sich über die Menge an anfragenden Vertretern kleiner Projekte refinanzieren. Darauf kann man dann notfalls auch einzelne Fragen individuell „aufsatteln" oder sich an bestehende Umfragen „ranhängen". Als weitere Alternative bietet es sich auch an bei den Universitäten oder im Internet nachzuforschen, was derzeit auf dem Markt ist.

Wichtig:

Das Wissen um die Positionierung des eigenen Projekts/Zielgruppe ist Grundlage für die Selektion von passenden Sponsoren.

5. Die Präsentation

Ausgangssituation, Fehlerquellen, Tipps

Basierend auf den Ergebnissen Ihrer Konzeption muss nun die Präsentation erstellt werden. Der Präsentation (oftmals auch Akquisekonzept oder externe Konzeption genannt) fällt bei der Akquise eine zentrale Bedeutung zu. Sie muss:

▨ innerhalb kürzester Zeit Interesse wecken (oftmals bleiben nur Minuten),
▨ dem Ansprechpartner sofort verständlich sein (auch für unternehmensinterne Gespräche),
▨ dauerhaften Bestand haben (sie begleitet oft die gesamte Verhandlungsphase).

Um eine Präsentation in Form und Inhalt erfolgsgerecht gestalten zu können, muss vorab ein Grundverständnis für die Gesamtsituation sowie die Einsatzbedingungen erreicht werden.

Es wäre müßig anzunehmen, der potenzielle Sponsor warte ausschließlich darauf, sich mit Ihrer Präsentation in Ruhe auseinander zu setzen. Vielmehr erhält der Sponsor zum Teil mehrere tausend Anfragen pro Jahr und steht oftmals unter massivem Zeit- und Budgetdruck. Die Schwierigkeit für ihn besteht darin, die wirklich guten Sponsorangebote nicht zu übersehen und herauszufiltern – diese Auswahl wird zusätzlich dadurch erschwert, dass der Großteil der eingereichten Sponsoringanfragen entweder non- oder bestenfalls semi-professionell ist. Solche Anfragen werden natürlich meist abschlägig beschieden, blockieren aber dennoch die „Pipeline" und schaffen somit eine regelrechte „Anfragenflut".

Eine gut gestaltete, klar strukturierte Präsentation erhöht dagegen das Durchdringen beim Sponsor und erleichtert ihm maßgeblich die Arbeit. Da weit über 90 Prozent der Anfragen vom Sponsor bereits in der Pre-Selection-Phase (die erste Selektionsphase; Vorauswahl) aussortiert und abschlägig behandelt werden, ist es wichtig, sich mit den Gründen auseinanderzusetzen, um mögliche Fehlerquellen bereits im Vorfeld auszuschließen.

Die häufigsten Fehlerquellen sind
▨ unübersichtliche Gestaltung,
▨ fehlende, für eine erste Entscheidungsfindung jedoch relevante Daten,
▨ zu viele emotionale Füllwörter, irrelevante Inhalte oder deren falsche Gewichtung,
▨ fehlerhafte oder falsche Bewertung,
▨ Gesamtlänge, Datenfülle,
▨ fehlende Informationen über bestehende Engagements des Sponsors.

Eine 25-seitige Pressemappe gehört ebenso wenig in die Erstakquise wie eine detaillierte Auflistung aller Beteiligten inklusive Lebenslauf (leider oft bei Kulturanfragen bezüglich der Schauspieler oder Musiker zu finden).

All diese Dinge sollten vorbereitet und nur auf Abruf bereitgestellt werden.
Ein paar grundsätzliche Tipps
▨ Konzentrieren Sie sich auf die Fakten!
▨ Keine emotionalen Füllwörter außerhalb des Bereichs „Idee und Konzept"!
▨ Datenbestände von Detailinformationen nur ankündigen und auf Anfrage zusenden!

░ Bei PowerPoint-Präsentationen Ladezeiten
beachten (Fotos, Videos)!

░ Kurz, knapp, übersichtlich, informativ, aussa-
gekräftig – weniger ist oft mehr!

░ Ziel der Akquise: Interesse wecken, um Verhandlungen mit dem Unternehmen zu erreichen.

░ Die kleinen Details gehören in die Verhand-
lung – nicht in die Erstakquise!

Checkliste möglicher Präsentationsinhalte

Folgende Punkte sollten Sie vor der Präsentation bei einem Sponsor beantworten können, damit Sie
perfekt vorbereitet sind:

Formen der Präsentation

E-Mail

Die elektronischen Medien haben nun auch bei der Sponsorenakquise Einzug erhalten. Immer
mehr Sponsoren wünschen, auf diesem Wege informiert zu werden. Hierzu eignet sich am besten
ein E-Mail-Anschreiben mit angehängter Präsentation in PowerPoint oder im PDF- Format. Weitere
Vorteile der E-Mail-Akquise bestehen in:

■ einem höheren Response-Wert, da das Antworten einfach und schnell ist,

■ der Möglichkeit der flexiblen Wahl des Umfangs/Inhalts (ohne stetig neue Druckkosten),

■ der Möglichkeit, spezielle Zusatzdateien anzuhängen,

■ der aktiven Verlinkung der Präsentation mit abrufbereiten Informationen,

■ dem sicheren Platzieren der E-Mail auf dem „Schreibtisch" des richtigen Ansprechpartners,

■ der Möglichkeit, bei neuen Informationen ohne großen Aufwand ein ständiges Update zu liefern.

CD-Rom

Bei der CD-Rom überwiegen ähnliche Vorteile. Die CD-Rom ist noch einen Grad „schicker" und kann
zusätzlich in Verpackung und Gestaltung interessant aufbereitet werden. Sie muss jedoch vom Ver-
wender selbstständig eingelegt werden, was vor dem Start einen zusätzlichen

Entscheidungsschritt bedeutet. Es ist dementsprechend zu empfehlen, eine CD-Rom möglichst in
Kombination mit einer Präsentationsmappe (offline) zu versenden.

Präsentationsmappe

Die gedruckte Präsentationsmappe und der Versand per Brief hat nach wie vor seine Berechtigung
– insbesondere bei größeren und aufwendigeren sowie internationalen Projekten. Besonders Vertreter der „älteren" Managergeneration sind erfreut, wenn sie eine Präsentationsmappe erhalten, die
über einen Computerausdruck hinausgeht und am besten durch die Kombination mit einer CD-Rom
oder einer Diskette mit Präsentation abgerundet wird.

Checkliste möglicher Präsentationsinhalte (Fortsetzung)

Es empfiehlt sich jedoch (um Druckkosten zu sparen), möglichst mit einem Einsteck-System zu arbeiten, da sich in der Präsentation fortlaufend Änderungen ergeben können.

Fax

Die vierte Möglichkeit, das Fax, hat inzwischen im Bereich der Erst-Präsentationen fast ausgedient. Nur in ganz speziellen Bereichen wird noch darauf zurückgegriffen.

Anschreiben

Alle gängigen Formen der Präsentation haben jedoch eines gemein: sie bestehen zusätzlich immer noch aus einem zweiten Teil, nämlich dem Anschreiben.

Neben der üblichen, zu beachtenden Formen eines Anschreibens im normalen Geschäftsverkehr, hier speziell für die Sponsorakquise noch ein paar nützliche Tipps:

- Richten Sie den Brief immer namentlich an den Ansprechpartner (nicht an die „Abteilung für Sponsoring" oder Ähnliches).
- Im Brief, auch wenn er standardisiert ist, sollte der Name des richtigen Ansprechpartners sowie im Text auch der individuelle Name des Unternehmens vorkommen.
- Im Brief, auch wenn er standardisiert ist, sollte eine individuelle Passage eingefügt werden, in dem zum Beispiel der Grund der speziellen Auswahl für das angeschriebene Unternehmen genannt wird.
- Im Anschreiben sollten gezielt ein paar Highlights der Präsentations-Anlage als „Anregung" genannt werden.
- Nennen Sie namhafte Partner (falls vorhanden) bereits im Anschreiben.

Vorgehensweise – Akquiseschritte

Unabhängig von der gewählten Form der Präsentation muss die Vorgehensweise der Unternehmensansprache abgestimmt werden. Der optimale Zustand ist natürlich, dass man mit dem Entscheider des potenziellen Sponsors bereits bekannt ist. Das erspart Wege und verschafft den notwendigen direkten Zugang. Meist ist dies jedoch nicht der Fall und der Sponsorsuchende muss ohne einen bereits bestehenden Direktkontakt auskommen. Dies nennt man in der Branche Kaltakquise.

Hierfür gibt es ein Sieben-Step-System, das sich sehr gut bewährt hat:

1. Schritt – Selektion der Zuständigkeiten beim potenziellen Sponsor

Wer ist zuständig, welche Abteilung entscheidet, wer ist der richtige Ansprechpartner? Dies erfragen Sie durch einen kurzen Anruf beim Unternehmen – wobei es nicht notwendig ist, mit dem Entscheider persönlich zu sprechen. Wichtiger ist es, dessen Namen, die Durchwahl und vor allen Dingen die E-Mail-Adresse zu erhalten. Sollten Sie jedoch ohne größere Umstände die Möglichkeit haben, mit dem Entscheider direkt zu sprechen, folgt der 2. Schritt.

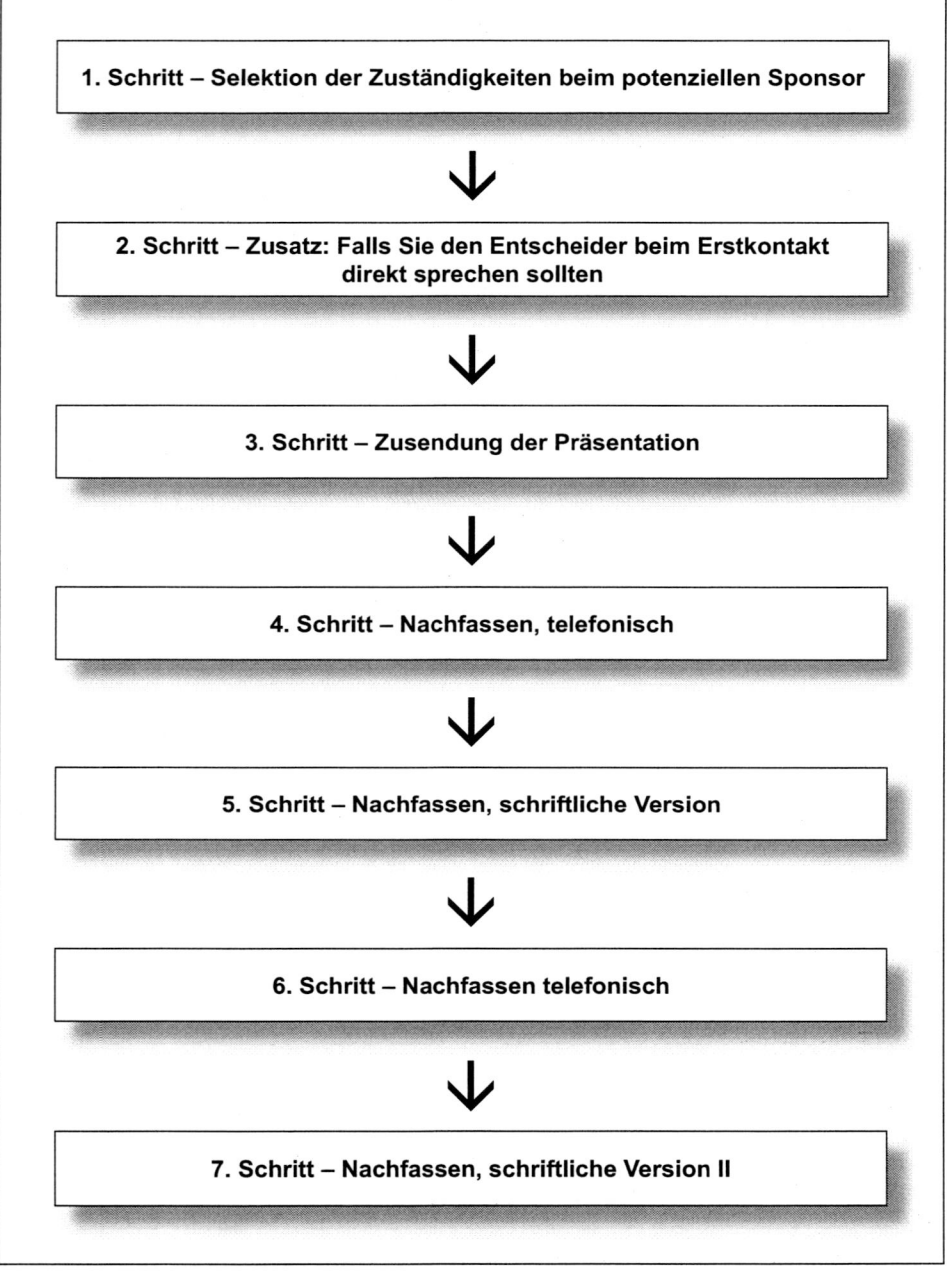

Abbildung 10: Das Sieben-Step-System der Kaltakquise

2. Schritt – Zusatz: falls Sie den Entscheider beim Erstkontakt direkt sprechen sollten

Erläutern Sie ihm kurz (!) Ihr Anliegen und sagen Sie ihm, in welchem Bereich sich Ihr Projekt bewegt und warum Sie das angesprochene Unternehmen für passend halten. Fragen Sie, ob sich das Unternehmen in diesem Bereich grundsätzlich ein Sponsoring vorstellen kann und ob es Sinn macht, eine Präsentation zu übersenden. Versuchen Sie nicht, das Konzept detailliert zu erklären – der Entscheider fordert ohnehin die schriftlichen Eckpunkte. Am Telefon begrenzen Sie sich möglichst nur auf grobe Zusammenhänge und einige wenige Highlights.

3. Schritt – Zusendung der Präsentation

Senden Sie ihm nun Ihre Präsentation in Verbindung mit Ihrem Anschreiben zu. Sollten Sie zuvor direkt mit dem Entscheider gesprochen haben (2. Schritt), dann nehmen Sie Bezug auf das Gespräch. Bitten Sie um zeitnahe Bearbeitung, jedoch ohne zu drängeln.

4. Schritt – Nachfassen, telefonisch

Rufen Sie im Zeitraum von circa 10 bis 14 Tagen nach Versand beim Entscheider an und fragen Sie, ob er die Anfrage erhalten habe, sie fehlerfrei übertragen wurde beziehungsweise ob Sie Rückfragen beantworten können. Halten Sie das Absendedatum bereit, um eventuelles Suchen zu vereinfachen. Bieten Sie an, die Unterlagen nochmals zu senden, falls Sie beim Entscheider nicht vorliegen sollten. Verabreden Sie gegebenenfalls einen erneuten Termin des „mündlichen Nachfassens".

5. Schritt – Nachfassen, schriftliche Version

Nach circa vier Wochen empfiehlt sich eine höfliche Erinnerungsmail in Kombination mit einem Update zum Projekt (neueste Entwicklungen), kurz und prägnant, mit dem Hinweis auf die damalige Zusendung der Präsentation sowie der zur Sicherheit nochmals angehängten Präsentation. Es empfiehlt sich darüber hinaus, den Namen des angesprochenen Unternehmens im Fließtext nochmals zu erwähnen.

6. Schritt – Nachfassen telefonisch

Zwischen der 6. und 8. Woche sollten Sie weiterhin versuchen, den Ansprechpartner telefonisch zu erreichen.

7. Schritt – Nachfassen, schriftliche Version II

Nach einer Zeitspanne von circa acht Wochen ist es an der Zeit, letztmalig „schriftlich nachzufassen". Hierfür können Sie ein Anschreiben vorbereiten, bei dem Sie ausschließlich die Faktoren wie Name, Firma, Datum et cetera verändern. Bitten Sie aufgrund der vorangeschrittenen Zeit nochmals um eine rasche Bearbeitung.

Status nach zehn Wochen:

▨ Der Sponsor hat innerhalb der letzten zehn Wochen sein Interesse bekundet und benötigt weitere Informationen – Sie treten in die Verhandlungen ein oder befinden sich bereits darin.

▨ Der Sponsor hat während der letzten zehn Wochen abgesagt – versuchen Sie, eine, Begründung zu erhalten, denn auch Absagen enthalten wertvolles Informationspotenzial für Ihre zukünftige Arbeit.

Der Sponsor hat sich während der letzten zehn Wochen weder gemeldet, noch war er für Sie erreichbar – streichen Sie ihn von Ihrer Watchlist, alle weiteren Schritte wären nur Energieverschwendung.

> **Tipp**
>
> Bedenken Sie stets – Sie sind kein Bittsteller, sondern bieten Leistungen an.

Statusliste

Es ist absolut notwendig, sich den jeweiligen Akquisestatus zu notieren. So haben Sie stets die Übersicht, wann Sie wen in welcher Form angesprochen haben, wie der Verhandlungsstand ist, wer abgesagt hat oder bei wem nachgefasst werden muss et cetera. Sollten Sie eine Agentur mit der Vermarktung beauftragt haben, lassen Sie sich ein wöchentliches Update schicken. So sind Sie jederzeit auf dem Laufenden.

> **Tipp**
>
> Halten Sie den Akquisestatus stets auf dem neuesten Stand (Updates).

Es ist absolut ausreichend, hierfür einen einfachen tabellarischen Aufbau zu nutzen, bei dem Sie fortlaufende Wochen (Tabellen) nutzen können, ohne ältere Einträge löschen zu müssen. Konzentrieren Sie sich auf das Wesentliche – das hilft Ihnen bei der Akquise, sofort auf einen Blick den Status zu erfassen (auch wenn ein Sponsor unverhofft bei Ihnen anruft). Lassen Sie dementsprechend alle überflüssigen Daten außen vor; so gehören zum Beispiel Adresse, Faxnummer, E-Mail usw. in Ihr Verwaltungsprogramm und nicht auf die Statusliste.

Folgende Positionen sind empfehlenswert:

- Sponsor (Marke) oder Sponsor (Unternehmen), eventuell Hinweis auf die Agentur
- Ansprechpartner
- Telefonnummer (optional)
- Datum des/der letzten Kontakts/ Kontakte
- Status
- Präsentation erhalten, Erinnerungsmail erhalten in Kurzform (x-Form)

Farbliche Zuordnungen und Fettschrift vereinfachen den Überblick

Die Gestaltung der Statusliste muss Ihren Anforderungen entsprechen, denn Sie müssen schließlich damit arbeiten. Es ist empfehlenswert, nach jedem Telefonat, jeder Mail usw. den entsprechenden Eintrag sofort vorzunehmen – entweder direkt in das Programm oder zwischenzeitlich auf einem Ausdruck für Ihre Notizen. Abschließend ist noch zu empfehlen, eine Unterteilung zwischen den bereits in Akquise befindlichen Unternehmen, der wöchentlichen Neuakquise und den Absagen einzuführen. Besonders bei größeren Akquisen ist dies sinnvoll.

6. Verhandlung, Absichtserklärung, Vertrag

Verhandlung

Natürlich wird der Großteil der von Ihnen angesprochenen Unternehmen absagen; lassen Sie sich dadurch nicht entmutigen – das ist völlig normal. Wichtig ist jedoch, Ursachenforschung zu betreiben und möglichst den Grund der Absage zu erfahren. Oftmals liegt der Grund bei professionell vorgetragener Akquise ohnehin außerhalb Ihres Wirkungskreises (beispielsweise Strategieänderung, Budgetkürzung, unternehmensinterne Anordnungen).

Konzentrieren wir uns nun auf die Unternehmen, bei denen es Ihnen gelungen ist, Interesse für Ihr Konzept zu wecken. Das in Frage kommende Unternehmen wird nun konkretere Angaben von Ihnen benötigen. Bevor Sie jedoch wahllos Ihre vorbereiteten Dokumente verschicken, in der Hoffnung, das Richtige möge dabei sein, ist es empfehlenswert, das Gespräch mit dem Entscheider zu suchen. Informieren Sie sich bei ihm über die wichtigsten Zielsetzungen seines Unternehmens, um ihm dann zielgerichtet Informationen beziehungsweise ein konkretes Angebot zukommen zu lassen. So können Sie sicher sein, dass Sie dem Sponsor ausschließlich anbieten, was er auch benötigt. Der Sponsor wird Ihre Fairness und die Effizienz Ihrer Vorgehensweise zu schätzen wissen.

Folgende Bereiche können in einem Informationsgespräch geklärt werden:

▨ In welcher Form soll das Sponsoring in den Gesamtmarketingauftritt eingebettet werden?

▨ Welche Ziele sollen mit dem Sponsoring erreicht werden? (Konkret!)

▨ Gibt es besondere Unternehmensinteressen in Verknüpfung mit dem Sponsoring?

▨ In welcher Größenordnung bestünde Interesse für ein Engagement?

▨ Könnte der Sponsor sich vorstellen, eigene Aktivitäten mit einzubringen? Welcher Art?

▨ Auf wen soll das Sponsorpaket zugeschnitten werden (Zielgruppe, Kernzielgruppe)?

▨ Welche Engagements hat der Sponsor noch im Umfeld Ihres Engagements geplant?

▨ Welches konkrete Image möchte der Sponsor transportieren?

▨ Vereinbaren Sie die weitere Vorgehensweise: Wie lange ist die Prüfdauer des konkreten Angebots, wann ist das nächste Gespräch, persönliche Präsentation, Zeitstrahl?

> **Tipp**
>
> Ermitteln Sie vor Ihrem Angebot die konkreten Ziele Ihres potenziellen Partners.

Konkretes Angebot

Durch das Informationsgespräch haben Sie nun alle erforderlichen Angaben, um ein passgenaues, konkretes Angebot zu erstellen. Nehmen Sie hierbei ein vorhandenes Sponsorpaket aus Ihrer internen Struktur und passen Sie dies den Bedürfnissen des ausgesuchten Sponsors an. Sie können hierbei streichen, zusetzen oder umgewichten – je nach den eigenen Rahmenbedingungen im Kontext zu den Sponsoringzielen des Unternehmens.

Empfehlungen für die Erstellung eines konkreten Angebots:

▨ Fügen Sie in die Titelseite Logo oder Namen des Sponsors ein.

▨ Nennen Sie auch auf den folgenden Seiten oder Angebotsteilen stets den Sponsor beim Namen.

▨ Nennen Sie zur Einleitung die Zielsetzungen des Sponsors, die durch das Paket erreicht werden sollen.

▨ Konkretisieren Sie Angebotsteile durch den Namen, wie zum Beispiel „Nike-VIP-Lounge" anstatt „VIP-Lounge mit Sponsornamen XY".

▨ Beschreiben Sie nicht nochmal das Projekt, sondern konzentrieren Sie sich auf die Leistungsaufstellung.

▨ Bleiben Sie offen für die mögliche Umgestaltung einzelner Inhalte in gemeinsamer Abstimmung und erwähnen Sie dies im Angebot oder dem dazugehörigen Anschreiben.

▨ Nennen Sie den konkreten Preis für die angebotenen Leistungen (gegebenenfalls können Sie auch die Werthaltigkeit der angebotenen Leistungen zusätzlich benennen).

▨ Achten Sie auf die Wortwahl und bedenken Sie: Dies ist ein konkretes Angebot und kein Vertrag!

Weiterführende Verhandlungen

In der Folge wird der Sponsor nun unternehmens-intern Ihr Angebot prüfen. Sie sollten für die Detailabsprachen möglichst ein persönliches Gespräch mit dem potenziellen Sponsor vereinbaren. Natürlich lassen sich diese Dinge in der heutigen Zeit auch per Telefon, E-Mail, Fax oder Videokonferenz klären, jedoch ist ein persönliches

Gespräch – auch in Betracht einer langfristigen Zusammenarbeit – empfehlenswert und einer partnerschaftlichen Atmosphäre förderlich. Nach diesem Gespräch, in dem die grundlegenden Rahmenbedingungen der Zusammenarbeit abgesteckt und die Detailabläufe fixiert werden, erfolgen die weiteren Abstimmungen, meist fernmündlich beziehungsweise schriftlich. Am Ende der Gespräche sollte die Ausarbeitung und Unterzeichnung des Sponsorvertrags stehen.

Absichtserklärung

Da sowohl die Abstimmung der Detailfragen als auch die Ausarbeitung des Sponsorvertrages durchaus einige Zeit in Anspruch nehmen können, ist es üblich, für diese Übergangszeit eine Absichtserklärung zu verfassen. Die Absichtserklärung (auch „Letter of Intent" – kurz LOI – oder „Head of Agreement" genannt) dient der Planungssicherheit. Im LOI wird die verbindliche Absicht der Zusammenarbeit erklärt, er gilt immer vorbehaltlich der Erfüllung vereinbarter Rahmenbedingungen (die Rahmenvereinbarungen sollten gegebenenfalls als Anlage beigefügt werden). Im LOI sollte auch geklärt sein, ob dieser öffentlich genutzt werden darf, das heißt, ob die Absicht zur Mitwirkung des Sponsors in anderen Verhandlungen, Präsentationen oder den Medien öffentlich gemacht werden darf. Die Absichtserklärung wird in der Praxis häufig nur vom Sponsor ausgestellt. Da der Sponsor mit Unterzeichnung des LOI jedoch bereits eine Verbindung mit dem Projekt eingeht, gehört es praktisch zum Ehrenkodex, während dieser Zeit von Verhandlungen mit Wettbewerbern des Sponsors abzusehen beziehungsweise diese auszusetzen. Dies kann natürlich für die Gegenseite auch schriftlich fixiert werden.

Die Absichtserklärung sollte mit Datum, Ausstellungsort, Stempel und Unterschrift eines Zeichnungsbefugten versehen sein; am besten auf dem Briefpapier des zukünftigen Sponsors.

> **Tipp**
>
> Lassen Sie sich für die Übergangszeit zur Vertragsausfertigung einen LOI ausstellen. Klären Sie im LOI, ob Sie die Zusammenarbeit veröffentlichen dürfen.

Vertrag

Das Ergebnis von Sponsorenansprache, Verhandlungen und Absichtserklärungen ist der Sponsorvertrag. Der Sponsorvertrag legt fest, wie das Verhältnis Leistung und Gegenleistung des konkret geplanten Projektes aussehen soll. Und genau hier liegt die Herausforderung für eine beide Seiten zufriedenstellende Vertragsgestaltung. Denn ebenso zahlreich und unterschiedlich die verschiedenen Erscheinungsformen des Sponsorings sind, so unterschiedlich müssen auch die Verträge sein.

In Seminaren und Vorträgen werde ich von Teilnehmern oft nach Musterverträgen gefragt, die man als Vorlage verwenden könne. Gerade im semiprofessionellen Bereich wie Sportvereinen ist die Versucherung groß, ohne Prüfung auf einen idealerweise formularmäßig gestalteten Mustervertrag zurückzugreifen. Hiervor kann nur gewarnt werden. Wenn die Leistungen und Gegenleistungen im Sponsoring individuell gestaltet sind, dann muss auch der Sponsorvertrag dieses abbilden,

also individuell gestaltet sein. Musterverträge, wie man sie zum Beispiel im Internet und Buchhandel findet, können dementsprechend auch nur sehr geringen beziehungsweise einfachen Ansprüchen gerecht werden, respektive nur auf wiederkehrende Rahmenbedingungen abgestimmt werden.

Kernstück eines jeden Sponsoringvertrages sind die Definitionen der Leistungen und Gegenleistungen der Vertragspartner. Darüber hinaus werden die Rahmenbedingungen geklärt, in denen die Erfüllung stattfindet.

Ein Sponsorvertrag für einen Musikevent muss beispielsweise die Leistungen und Gegenleistungen von Veranstalter (und Hauptsponsor) definieren. Dieser Vertrag wird andere Inhalte haben als ein Sponsorvertrag über die Vermarktung eines Sportlers als Testimonials. Denn obgleich in beiden Fällen ein Sponsoring erfolgt, sind doch die jeweiligen Leistungen und Gegenleistungen nicht vergleichbar.

> **Tipp**
>
> Im Anhang finden Sie folgende vollständige Sponsorverträge.
>
> ■ Sponsorvertrag für einen Musikevent
> ■ Sponsorvertrag für den Einsatz eines Testimonials aus dem Sportbereich

Wenn Sie die Verträge im Anhang vergleichen, werden Sie erkennen, dass sie sich im Kern unterscheiden und jeweils die relevanten Leistungen und Gegenleistungen genau definieren.

Ja	Nein	Inhalte
☐	☐	Definition „Sponsoringziel"
☐	☐	Vertragsparteien
☐	☐	Leistungen und Gegenleistungen, Definition und Berechnungsgrundlagen
☐	☐	Ausschließlichkeit (Exklusivitätsklauseln)
☐	☐	Wohlverhalten, Unterrichtung, Vertraulichkeit, Zweckbindung
☐	☐	Persönliche Leistung, Abtretbarkeit
☐	☐	Ausschluss der Arbeitnehmereigenschaft
☐	☐	Haftungsausschluss, Erfüllungsinteresse
☐	☐	Vertragsstrafe, Aufrechnung, Abtretung
☐	☐	Inkrafttreten, Laufzeit, Optionsrechte
☐	☐	Vorzeitige Vertragsbeendigung, Rückgewähr von Leistungen, Vertragsstrafen
☐	☐	Regelung von Interessenkollisionen
☐	☐	Schriftform, Zugang von Erklärungen, Teilunwirksamkeit
☐	☐	Anwendbares Recht, Erfüllungsort, Gerichtsstand
☐	☐	Anlagen (zum Beispiel: Zustimmung bei Agenturvertrag, Muster von Druckerzeugnissen, Zustellungsadressen, steuerrechtlich relevante Zusatzerklärungen, Produktliste, Konzept, MaFo-Ergebnisse, Werbe-/Mediaplan, Beglaubigen et cetera)

Abbiildung 11: Checkliste möglicher Vertragselemente

Um der Individualität der einzelnen Ereignisse, Inhalte und Möglichkeiten Rechnung zu tragen, ist eine Checkliste aller potenziell wichtigen Vertragsinhalte anstelle eines Mustervertrages sinnvoller. Anhand der obigen Checkliste kann selbst bewertet werden, welcher Punkt für das individuelle Ereignis relevant ist und beachtet werden muss und welcher nicht.

Noch ausführlicher ist der ebenfalls im Anhang erhältliche Leitfaden zur Gestaltung eines Sponsorvertrags des Fachverband Sponsoring.

 Tipp

Leitfaden zur Gestaltung von Sponsorverträgen des FASPO finden Sie im Anhang:
Der Leitfaden ist als Alternative zu Musterverträgen gedacht. Er hilft Ihnen Leistungen und Gegenleistung im Vertrag richtig zu definieren.

Der Leitfaden bietet ein Vertragsgerüst zum Entwurf eigener Verträge. Die Definition der eigenen Leistungen erfolgt durch Verwendung oder Streichung von Teilbereichen dieses Gerüstes. Im Ergebnis erhalten Sie einen Entwurf, der dann idealerweise von einem Rechtsanwalt noch einmal geprüft wird. Je größer der finanzielle Rahmen ist, desto wichtiger wird die endgültige Ausarbeitung und Prüfung des Vertrages durch einen Rechtsanwalt. Ein Veranstalter beispielsweise kann seine Leistungen und die Gegenleistungen des Sponsoren definieren. Jedoch spätestens bei der Gestaltung von Rahmenbedingungen ist professioneller Rechtsrat empfehlenswert. Dieses gilt auch dann, wenn die Vertragspartner ein gutes persönliches Verhältnis pflegen.

Hinweis

Auch wenn sich Sponsor und Sponsoringnehmer vertrauen und einig sind, sollte ein Vertrag aufgesetzt werden. Die aufgeführten Gegenleistungen erleichtern dem Sponsor die Erklärung der steuerlichen Abzugsfähigkeit beim Finanzamt.

Steuerliche Behandlung

Es ist sehr wichtig, die Grundsätze der steuerlichen Behandlung sowohl für den Sponsoringnehmer, als auch für den Sponsoringgeber zu kennen. Nur dann lassen sich optimierte Angebote konstruieren, die keinerlei nachträgliche steuerliche Überraschungen beinhalten.

Wichtig

Die steuerliche Behandlung von Sponsoringmaßnahmen hat sich in den letzten Jahren geändert und wird je nach Finanzamt auch unterschiedlich ausgelegt!
Wie bereits in der Einführung erwähnt, ist die Grundlage des Sponsorings Leistung UND Gegenleistung (im Gegensatz zur Spende). Diese Wechselwirkung muss für das Finanzamt klar erkennbar sein!

Der Sponsornehmer versteuert die Sponsoreinnahmen entsprechend seines Status (Unternehmen, Verein) wie normale Einnahmen. Bei den verhandelten Sponsorbeträgen wird normalerweise von Nettobeträgen ausgegangen, das heißt, die gesetzliche Mehrwertsteuer ist entsprechend bei der Rechnungsstellung zu berücksichtigen und gesondert abzuführen. Auch Sachleistungen unterliegen der Steuerpflicht – dies wird häufig vergessen, doch stellen sie einen geldwerten Vorteil dar. Insbesondere wenn Sachleistungen beispielsweise als Preise weitergegeben werden, muss im Vorfeld mit dem Sponsor geklärt werden, wer die entsprechenden Steuern entrichtet (ansonsten käme es eventuell zu dem Fall, dass ein Sportler ein Auto gewinnt und dafür Steuern entrichten müsste; dies wird meist dadurch vermieden, dass der Sponsor die entfallenden Steuern übernimmt).

Merke

- Sponsoringeinnahmen unterliegen der Steuerpflicht
- Sponsoringverhandlungen laufen auf Nettobasis
- Sachleistungen unterliegen auch der Steuerpflicht

Der Sponsorgeber versucht die Ausgaben seines Sponsorings möglichst vollständig als Betriebsausgaben geltend zu machen. Grundvoraussetzung hierfür ist die klare Definition der Gegenleistungen für das erbrachte Sponsoring. Diese müssen in einem nachvollziehbaren Verhältnis zum Sponsorwert stehen (ein kleines Schild bei einer Pressekonferenz rechtfertigt nicht ein Sponsoring über eine Million Euro).

Wichtig

Das Bundesfinanzministerium berät derzeit einen Vorschlag der Länderministerien bezüglich der steuerlichen Absetzbarkeit von Hospitality-Maßnahmen. Die Durchsetzung gilt als sehr wahrscheinlich (Stand 2005; bitte den Steuerberater konsultieren). Demnach soll es bei Hospitality-Maßnahmen zukünftig zu folgender pauschaler Aufteilung der Leistungen kommen:

■ 40 Prozent Anteil für Werbung → voll absetzbar als Betriebsausgaben

■ 30 Prozent Anteil für Bewirtung → 70 Prozent als Betriebsausgabe absetzbar

■ 30 Prozent Anteil für Sitzplatz → absetzbar als Geschenk (35 Euro-Regel)

Soweit keine Angabe zu den eingeladenen Gästen abgegeben wird, geht das Finanzamt von einer Aufteilung zu je 50 Prozent zwischen Gästen und Mitarbeitern aus.

Wichtig ist in der Folge auch die Besteuerung der Empfänger (Gäste) zu betrachten, da die Einladung als geldwerter Vorteil betrachtet werden könnte und entsprechend durch den Gast versteuert werden müsste. Um dies zu vermeiden, gibt es Ausnahmeregeln (60 Prozent-Regel bei Gästen, 30 Prozent-Regel pauschale Lohnsteuerübernahme bei Arbeitnehmern).

Beispiel:

Ein Sponsor erhält im Rahmen seines Gesamtpakets für eine Veranstaltung für seine Kunden VIP-Tickets im Wert von 100 Euro pro Stück. Er setzt beim Finanzamt wie folgt ab: 40 Euro Betriebskosten, 21 Euro Betriebsausgabe Bewirtung (70 Prozent von 30 Euro) und 30 Euro als Geschenk.

Tipp

Sprechen Sie die steuerliche Problematik bei den Vertragsverhandlungen an und suchen Sie im Rahmen ihrer zukünftigen Partnerschaft den gemeinsamen Konsens mit dem Sponsor im Zuge der Darstellung des geplanten Sponsorings.

Versicherungen

Im Sponsoring gibt es zahlreiche Versicherungen. Diese reichen von Schlecht-Wetterversicherungen (Adverse Weather) zum Schutz gegenüber Haftungsansprüchen (auch von Sponsoren) bei Veranstaltungsausfall, bis zu Erfolgs- oder Misserfolgsversicherungen, bei denen beispielsweise Zahlungen von Erfolgsprämien oder Einnahmeausfälle bei Misserfolgen (zum Beispiel Ligaabstieg eines Sportvereins) versichert sind. Hier wollen wir uns auf zwei Versicherungsarten konzentrieren:

■ Veranstaltungsausfall-Versicherung mit den hiermit verbundenen Haftungsfragen gegenüber Sponsoren

■ Gewinnspielversicherung mit den hiermit verbundenen Möglichkeiten attraktiver Sponsorenauftritte.

Die Veranstaltungsausfall-Versicherung ermöglicht einen wirksamen Schutz gegenüber Haftungsansprüchen beim Eintreten des Schadensfalles durch den Ausfall einer Veranstaltung. Ein Veranstaltungsausfall kann nahezu gegen alle denkbaren Möglichkeiten versichert werden; am gängigsten sind hierbei der Veranstaltungsausfall durch schlechtes Wetter (Regen, Sturm et cetera) oder durch Absage der Protagonisten (Künstler, Sportler et cetera). Hierbei muss im Versicherungsvertrag klar definiert werden, welche Voraussetzungen zu einer Absage der Veranstaltung berechtigen und welcher Umfang der Schäden abgesichert ist.

Beispiel 1:

Sie planen einen großen Open-Air-Event, wofür Sie mehrere Sponsoren gewinnen konnten. Sie versichern den Event gegen Regen, wobei hierfür im Vorfeld eine bestimmte Niederschlagsmenge zu einem bestimmten Zeitpunkt definiert wird. Muss der Event nun wegen Regens abgesagt werden, ist die Versicherung zur Zahlung der vereinbarten Leistungen verpflichtet – dies können sowohl bereits eingesetzte Produktionskosten wie auch Rückzahlungen von Sponsorengeldern für durch Sie nicht erbrachte Leistungen sein.

> **Wichtig**
>
> Bereits erbrachte Leistungen (beispielsweise Logonennung auf bereits ausgehangenen Plakaten) werden entsprechend angerechnet.

Beispiel 2:

Sie planen ein großes Sportfest mit dem Auftritt eines international bekannten Sportlers als Hauptattraktion, wofür Sie mehrere Sponsoren gewinnen konnten. Sie versichern den Event gegen den Ausfall des Sportlers – hierbei werden die Ausfallgründe wie beispielsweise Krankheit definiert. Muss der Event nun wegen seiner Krankheit abgesagt werden, ist die Versicherung zur Zahlung der vereinbarten Leistungen verpflichtet – auch hier können dies sowohl bereits eingesetzte Produktionskosten wie auch Rückzahlungen von Sponsorengeldern für durch Sie nicht erbrachte Leistungen sein (wichtig: Imageschäden, die dem Sponsor beispielsweise durch einen Dopingskandal des Sportstars entstehen könnten, werden von den Versicherungen meist nicht abgedeckt!)

Beispiel 3:

Vergewissern Sie sich beim Abschluss der Versicherung konkret über Zeitpunkt und Umfang der Leistungspflicht des Versicherers. So kann dieser beispielsweise die Zahlung verweigern, wenn ein Sportler zwar gegen krankheitsbedingten Ausfall versichert ist, dieser nach Sicht der Versicherung jedoch keine exponierte Stellung im Gesamtprogramm des Events besitzt, die einen Veranstaltungsausfall rechtfertigen würde. Ihre gezahlte Prämie wäre also nutzlos.

7. Zusammenarbeit mit Agenturen

Argumente für die Integration externer Profis

Sponsoring ist schon lange nicht mehr nur Beiwerk oder flankierende Maßnahme. Durch die stetige Entwicklung dieser Disziplin, des überproportionalen Wachstums sowie der immer stärkeren Vernetzung entsteht ein überaus kompliziertes und komplexes System. Um alle Vorteile eines Sponsoringengagements optimal zu nutzen, höchste Effektivität und Effizienz zu erreichen und vor allen Dingen die Basis für erfolgreiche und langfristige Partnerschaften zu legen, sollten unbedingt Experten eingeschaltet werden, die durch ihr Know-how und ihre Professionalität die konzeptionelle und inhaltliche Ausgangsposition für die Generierung und Integration von Sponsoren schaffen.

Profis sprechen die Sprache der potenziellen Sponsoren und überblicken bereits im Planungsstadium mögliche Schwierigkeiten. Sie kennen sich in den verschiedenen Grauzonen (zum Beispiel steuerliche Behandlung, Bewertung et cetera) aus und können dementsprechend helfen, viele unnötige Fehler zu vermeiden, Lehrgeld einzusparen und die Ausgangsposition entscheidend zu verbessern.

In diesen Phasen können externe Profis behilflich sein:

▨ Beratung, Schulung, Coaching des eigenen Personals,

▨ Konzeptplanung, Erstellung eines internen Konzepts,

▨ Erstellung eines externen Konzepts oder eines Akquisekonzepts,

▨ Betreuung, Begleitung, Durchführung der Akquise,

▨ Vertragsverhandlungen, Vertragsgestaltung,

▨ Betreuung, Begleitung, Durchführung der Zusammenarbeit mit den Sponsoren.

Wird das Sponsoring nicht von einer Agentur übernommen, sondern beim Veranstalter inhouse durchgeführt, empfiehlt es sich dennoch, einen externen Berater zu konsultieren, der einem mit Rat und Tat zur Seite steht. Auch wenn der Tagessatz eines guten Beraters ohne weiteres dem Monatslohn eines Mitarbeiters entsprechen kann, so sparen Sie doch durch die frühzeitige Konsultation eines Experten häufig ein Vielfaches der investierten Summe wieder ein, beziehungsweise erreichen durch die Optimierung Ihres Angebots einen ausgesprochen hohen Return on Investment.

 Tipp

Ein guter externer Berater spart mehr ein, als er Sie kostet!

Erkennen seriöser Dienstleister

Sie können beim Fachverband für Sponsoring nachfragen, der inzwischen neben Deutschland auch für die Schweiz zuständig ist. Außerdem können Sie natürlich auch in den einschlägigen Publikationen, Datenbanken, im Internet, Fachmagazinen, Seminaranbietern et cetera recherchieren, wer über das gewünschte Angebot verfügt. Neben dem reinen Anbieten der gewünschten Dienstleistung sollte natürlich unbedingt die Kompetenz und Seriosität des Anbieters geprüft werden.

Hierzu folgende Tipps:

Referenzprojekte
Kompetente Anbieter verfügen über Referenzprojekte; setzen Sie sich auch mit einem ehemaligen Auftrageber eines Projekts in Verbindung (Stichprobe).

Referenzen zur Person
Kompetente Anbieter sind in der „Szene" bekannt. Fragen Sie den Anbieter nach seiner Person, seinem geschäftlichen Umfeld und lassen Sie sich dies durch die genannten Personen bestätigen (Stichprobe).

Objektive Institutionen
Sollte es sich um ein größeres oder wichtigeres Projekt handeln, fragen Sie ruhig bei unabhängigen Institutionen, Verbänden oder einschlägigen Fachpublikationen nach Empfehlungen. Diese Einrichtungen kennen den Markt häufig sehr genau und können Sie gegebenenfalls vor „schwarzen Schafen" warnen.

Versprechungen (Vermittlungsagenturen)
„In vier Monaten habe ich für Sie einen Sponsor gefunden. Garantiert!" Fallen Sie auf derartige Aussagen nicht herein, denn im Sponsoringgeschäft können Sie durch Professionalität lediglich die optimalste Ausgangssituation und somit die Wahrscheinlichkeit eines Abschlusses erhöhen. Über den Einsatz ihrer Werbemittel entscheiden die Unternehmen aber immer noch selbst.

Kapazität (Vermittlungsagenturen)
Prüfen Sie die Kapazität der Agentur und lassen Sie sich erläutern, welche weiteren Projekte mit welchem Aufwand derzeit betreut werden, zukünftig noch geplant sind und welche Kapazitäten für Ihr Projekt eingesetzt werden können. Es gibt leider Agenturen, die zu viele Projekte auf einmal annehmen, da sie ausschließlich von der Provision leben – den Zeitverlust bei Misserfolgen tragen dann leider Sie.

Code of best Practice/Ethikpapier
Im Jahr 2003 hat der FASPO den „Code of Best Practice", ein Ethik-Grundlagenpapier, vorgestellt, in dem alle Grundlagen des Sponsoringgeschäfts für alle Beteiligten des Sponsoringmarkts geregelt sind. Es empfiehlt sich, das Grundlagenpapier ebenfalls als Vertragsgrundlage zu integrieren.

Honorarvereinbarungen mit Agenturen
Falls die Entscheidung getroffen wird, mit „Externen" zu arbeiten, stellt sich natürlich auch die Frage, in welchem Arbeitsverhältnis dies geschehen soll. Im Bereich der Sponsoringsuche gibt es hierbei verschiedene Modelle der Zusammenarbeit mit Agenturen. Zudem gibt es keine festgeschriebenen Honorar- und Provisionssätze. Daher ist es wichtig, die Struktur und Honorierung der Zusammenarbeit im Vorfeld eindeutig zu klären.

Grundsätzlich kann die Sponsorensuche in die Bereiche
- Planung,
- Konzeption,
- Akquise,
- Nachbereitung,

aufgeteilt werden. Die Vergütung der einzelnen Leistungsbereiche durch externe Dienstleister erfolgt meist nach den folgenden Schlüsseln:

Sponsoringplanung

Da es sich bei der Sponsoringplanung meist um Beratungsleistungen handelt, werden diese dementsprechend größtenteils in Pauschalen oder Sätzen (Tag, Stunde) abgerechnet. Es kann auch eine Pauschalsumme für die Erstellung des internen Sponsoringkonzepts (Strategie) vereinbart werden, wobei sich die Höhe nach dem Gesamtumfang richtet.

Sponsoringkonzept

Für die Erstellung des Sponsoringkonzepts durch einen Experten/Agentur, wird meist eine Pauschalsumme vereinbart (FASPO-Gebührenempfehlung 5.000 bis 15.000 €). Diese richtet sich nach dem Volumen, Umfang und Aufwand. Beschaffungsmaterialien werden extern berechnet, ebenso Zusatzkosten wie zum Beispiel Reisekosten usw. Die Präsentation der fertigen Arbeit sollte aber inklusive sein.

Akquise

Die meisten Vergütungsmodelle gibt es im Bereich der Akquise. So gibt es zum Beispiel Agenturen, die alle Kosten selbst tragen und ausschließlich an einer Vermittlungsprovision partizipieren. Andere Agenturvereinbarungen sehen einen monatlichen Fixkosten-Sockelbetrag für Aufwand und Bürokosten zuzüglich der Provisionsvergütung bei Abschluss vor. Die dritte Möglichkeit sieht vor, dass die Agentur die Vermittlung auf reiner Festkostenbasis ohne Erfolgprovision durchführt (Nicht zu empfehlen, wenn Sie von der Agentur oder dem

Experten nicht absolut überzeugt sind!). Darüber hinaus müssen zahlreiche Einzel- beziehungsweise Zusatzleistungen geklärt werden. Wer ist zum Beispiel für die Herstellung/Vervielfältigung beziehungsweise die Kosten des Akquisematerials zuständig? Wer übernimmt die weitere Betreuung des Sponsors, trägt Büro- und Reisekosten, welche Verhandlungsmodi gibt es? Außerdem sollte der Modus der Vertragsparteien festgelegt werden. Es ist empfehlenswert, den Sponsorvertrag direkt mit dem Auftraggeber zu schließen, da dieser meist auch der Leistungserbringer ist. Aufgrund der zahlreichen Variablen lässt sich ein fester Provisionssatz nicht benennen; er ist vielmehr von den Rahmenbedingungen, der Attraktivität des Sponsorangebots, des Sponsoringvolumens und des Verhandlungsgeschicks abhängig. Häufig wird noch immer von dem ehemals einheitlichen Agentursatz von 15 Prozent ausgegangen, doch gibt es heute je nach Qualität der Arbeit und des Projekts Abweichungen in beide Richtungen.

Nachbereitung, Dokumentation

Die eigentliche Verpflichtung des Sponsornehmers besteht im Grunde nur in der Leistungskontrolle beziehungsweise im Leistungsnachweis. Dieser sollte durch nachweisbare Aufzeichnungen, Datensammlungen und Bildmaterial dokumentiert werden. Sollten im Sponsorvertrag bestimmte Werbewerte-Garantien vereinbart worden sein, so muss auch hierfür der Nachweis (zum Beispiel mittels einer Werbebotschaftsanalyse) durch einen Ausschnittservice, ein Analyseinstitut oder in einfachen Fällen durch eigene Recherchearbeiten erbracht werden. Eine übergreifende Ermittlung der erzielten Mediawerte der Veranstaltung empfiehlt sich ohnehin, da dieses Datenmaterial die Akquisearbeit für Folgeveranstaltungen erleichtert. Die Kosten werden durch den Umfang des Aufwands, beim Ausschnittservice meist durch ein Fixum plus Gebühr pro Ausschnitt, abgerechnet.

Full-Service, Vermarkter

Hierbei handelt es sich um besondere Agenturformen, die einerseits die gesamte Abwicklung (Full-Service), oder die Vermarktung des Projekts (Vermarkter), meist auf eigenes Risiko zu vorher vereinbarten Schlüsseln und Exklusivitäten, übernehmen.

Eine sehr gute Übersicht der im Sponsoring tätigen Agenturen erhalten Sie bei der EDIT LINE Verlags- und Produktionsgesellschaft mbH in Mainz (Herausgeber der Fachzeitschrift Sponsor's). Die Übersicht heißt „Agenturreport" und ist für 118 Euro zu erhalten (Stand 2006/2007) – bestellbar über das Internet unter www.sponsors.de

Gebührenempfehlung

Im Sponsoring gibt es keine verbindliche Gebührenordnung, sondern lediglich eine Gebührenempfehlung (Stand 2000, FASPO). Da es sich nur um Empfehlungen handelt, können die damals vorgeschlagenen Tagessätze (zum Beispiel Senior Consultant 1.750 Euro, Junior Consultant 1.250 Euro) je nach Marktposition des Consultant stark variieren.

Einsatz von Marktforschungsinstituten beim Controlling

Sie sollten Ihre Projekte stets kontrollieren – je nach Größe des Projekts können Sie dies inhouse (also selbst; im eigenen Unternehmen) oder über ein Marktforschungsinstitut machen. Natürlich haben Sie bei eigener Durchführung nur begrenzte Mittel und Möglichkeiten, dennoch ist es wichtig, so viele Feedbacks wie möglich zu erhalten. Dies können Sie schon bei einer Rückfrage Ihrer Gäste bekommen.

Tipp

Da es bei manchen Events nicht schön ist, Gäste direkt zu befragen, können Sie auch Ihre Mitarbeiter als Gäste „tarnen", die im Smalltalk häufig (insbesondere ehrliche) Feedbacks erhalten.

Sobald Ihr Projekt allerdings professioneller wird, sollten Sie auch auf professionelle Unterstützung zurückgreifen.

Wichtig

Jedem guten Controlling geht eine „Nullmessung", das heißt, die Abfrage der Grundwerte vor dem Projektstart voraus!

Sie können nun sowohl zeitlich als auch inhaltlich aus einem Gros von Möglichkeiten wählen. Dies hier zu vertiefen wäre zu umfangreich – informieren Sie sich am Besten direkt beim Marktforschungsinstitut, welche Bereiche Ihren Zielsetzungen am meisten entsprechen. Hier nur einige Beispiel:

Zeitlich:

- vor dem Projekt (auch die Entwicklung in der Bewerbungsphase)
- bei dem Projekt
- einen Tag nach dem Projekt (day-after)
- in Wellen (wiederkehrend)

Inhaltlich:

- welche Brands wurden gemerkt („gelernt"); gestützt/ungestützt
- Akzeptanz der Sponsorships
- Affinität der Sponsorships
- Image des Projekts

Wie gesagt, die Beispiele stellen nur eine minimale Auswahl dar.

8. Glossar

Die nachgeführten Begriffsdefinitionen behandeln sowohl nützliche Begriffe aus dem Gesamtbereich Kommunikation/Werbung, die im Zusammenhang mit professionellem Sponsoring benötigt werden, als auch spezielle Begriffe aus dem direkten Spezialbereich Sponsoring:

AGF
Arbeitsgemeinschaft Fernsehforschung, Auftraggeberin des GfK-Fernsehpanels → GfK-Fernsehforschung

AG.MA
Arbeitsgemeinschaft Media-Analyse, Herausgeberin der Media-Analyse → MA

AGOF
Arbeitsgemeinschaft Online-Forschung, Herausgeberin der Onlinereichweitenstudie → Unique User

AWA
Allensbacher Markt- und Werbeträgeranalyse, herausgegeben vom Institut für Demoskopie Allensbach

Äquivalenzwert
Gegenwert (Sponsoringwert) durch Leistungsbewertung nach Medientarifen

Bp30M
Besucher pro 30 Minuten = Werbemittelkontakt

Bruttoreichweite
Anzahl der von (→) Werbeträgern oder (→) Werbemitteln erreichten Personen multipliziert mit der jeweiligen Zahl der Kontakte (hauptsächlich für den Werbedruck wichtig).

Ex-ante
Im Vorhinein, beispielsweise Vorausplanung beziehungsweise Planung

Exposition
Darlegung, Sichtbarkeit, Präsenz

Ex-post
Hinterher, beispielsweise Ex-post-Analyse, Ex-post-Kontrolle

FASPO
Fachverband für Sponsoring und Sonderwerbeformen e.V., Dachorganisation von Anbietern, Agenturen, Dienstleistern und Sponsoren

GfK-Fernsehforschung
Gesellschaft für Konsumforschung, betreibt im Auftrag der (→) AGF ein Fernsehpanel in Deutschland

GRP
Gross Rating Points = Kontaktsumme in Prozent

Hörer Ø-Stunde
Reichweitenwährung des Rundfunks

Intermedia
Über verschiedene Mediagattungen

Intramedia

Innerhalb einer einzelnen Mediagattung

IVW

Informationsgesellschaft zur Feststellung der Verbreitung von Werbeträgern e.V. = Kontrolliert die Werbeträgerleistung von Print, TV, Radio, Online, Kino, Plakat et cetera.

Kontakte, Kontaktsumme

Mehr als ein Kontakt pro erreichter Person über ein oder verschiedene Medien. Kontakte mit (→) Werbeträger, (→) Werbeträgerkontakte, analog Kontakte für (→) Werbemittel, (→) Werbebotschaft oder Sponsoring, Bande, Trikot et cetera.

LpA

Leser pro Ausgabe, Reichweitenwährung für Zeitungen und Zeitschriften

MA

Media-Analyse, Reichweitenstudie für diverse Medien, herausgegeben von der (→) AG.MA

MaPro

MarkenProfile (stern), beinhaltet unter anderem die VDZ intermedia-Datei zur Berechnung von Mix-Plänen für TV und Print

Nettoreichweite

= Reichweite, Anzahl der von (→) Werbeträgern oder (→) Werbemitteln mindestens einmal erreichten Personen, unabhängig von der Zahl der Kontakte

OTS

Opportunity to see = Durchschnittskontakte pro erreichter Person = Kontaktsumme geteilt durch (Netto-)Reichweite

Page-Impressions

Online-Leistungswerte der (→) IVW = Sichtkontakte mit einer werbeführenden HTML-Seite

PMA

Plakat-Media-Analyse, Reichweitenstudie des Fachverbandes für Außenwerbung e.V. (FAW)

Reichweite

(→) Nettoreichweite

TdW

Typologie der Wünsche, beinhaltet unter anderem die VDZ Intermedia-Datei zur Berechnung von Mix-Plänen für TV und Print

TKP

Tausender-Kontakt-Preis = Kosten pro 1.000 Kontakte = Kosten in Euro multipliziert mit 1.000 und dann geteilt durch die Kontaktsumme

TNP

Tausend-Nutzer-Preis = Kosten pro 1.000 Nutzer, bezogen auf (Netto)Reichweite, Auflagen, Visits et cetera.

Unique User

Einzelner Nutzer: Online-Reichweitenwährung der (→) AGOF

VA

Verbraucher-Analyse, beinhaltet unter anderem die VDZ Intermedia-Datei zur Berechnung von Mix-Plänen für TV und Print

Verbreitete Auflage

Auflagenkriterium der ($\rightarrow$) IVW, Summe aus verkaufter Auflage und Freistücken

Visits

Online-Leistungswerte der ($\rightarrow$) IVW = Nutzungsvorgänge (Besuche) eines WWW-Angebotes

Werbebotschaft

Logo und/oder Claim der Werbeaussage einer Marke

Werbemittel

Medien: Anzeige, Spot, Plakat, Banner et cetera; Sponsoring: Bande, Trikot et cetera.

Werbeträger

Medien: Zeitung, Zeitschrift, TV-/Radio-Sendung et cetera; Sponsoring: Event, Liga, Sportler, Team, Verein

ZAW

Zentralverband der deutschen Werbewirtschaft e.V., Berlin, Dachorganisation von Medien, Agenturen und Werbungtreibenden

9. Nützliche Adressen

Fachverband für Sponsoring & Sonderwerbeformen e.V.
www.faspo.de
Der Verband ist zuständig für Deutschland und die Schweiz und setzt sich zusammen aus den Marktteilnehmern: Sponsoren, Anbieter, Vermarkter, Agenturen und Marktforschung.

Markenhandbuch
www.markenhandbuch.de
Sammlung von Marken (Brands) mit Zuordnung zu den Unternehmen (potenzielle Sponsoren) inklusive Adressdaten und Verantwortlichkeiten sowie einer Agenturübersicht.

Media Daten
www.media-daten.de
Zahlreiche Mediadaten (Print) zur ersten Orientierung in Sachen Auflagenstärke, Anzeigenpreis und Verlag.

Sponsors
www.sponsors.de
Monatlich erscheinende Fachzeitschrift zum Thema Sponsoring.

sportbusiness-online
www.sportbusiness-online.de
Sportbusiness-Fachzeitschrift aus dem Horizont-Verlag mit starker Sponsoring-Gewichtung. Erscheint 4 × jährlich, jedoch im Abo zusätzliche Newsletter (wöchentlich, monatlich). Zahlreiche Studien.

BusinessVillage
www.BusinessVillage.de
Fachwissen, Studien und Praxisleitfäden aus Expertenhand – komprimiert als eBook oder Fachbuch.

competence-site
www.competence-site.de
Expertenpool zu zahlreichen Themen, kostenfreies Know-how, Studien, Fachbeiträge.

BMK München
www.bmk-muenchen.de
Für alle, die ihr Wissen auf einem Seminar vertiefen wollen – der Autor dieses Werks hält mehrmals im Jahr Ganztagsseminare zum Thema Sponsoring ab.

New Business
www.new-business.de
Verlag des Magazins New-Business und des „Jahrbuch Sponsoring". Außerdem kurzer, informativer täglicher Online-Newsletter.

Fachzeitschriften Werbung

Zwei der wichtigsten Titel der Gesamtwerbebranche:

- **Werben und Verkaufen: www.wuv.de**
- **Horizont: www.horizont.de**

Sponsoring Börsen:

Drei ausgewählte Sponsoring-Börsen (die Auswahl bildet keinerlei Aussage über Qualität oder Erfolgsquote):

- **www.sponsor-service.de;**
- **www.esb-online.com;**
- **www.sponsor-click.com**

AKS: www.aks-online.org

Ein Arbeitskreis aktiver Kultursponsoren. Literaturliste, sponsorrelevante Faktoren und Studien.

Stiftung und Sponsoring
www.stiftung-sponsoring.de

Fachmagazin im Non-Profit-Sektor

Presented by
www.presented-by.de
Die Website des Autors, Sponsoring-Consulting für Sponsoringunternehmer und Sponsoren.

Anhang

Beispiel eines Sponsorvertrags für ein Musikevent

Kooperationsvereinbarung

zwischen der

vertreten durch ██████████
████████████

(im folgenden " **Veranstalter**" genannt)

und der

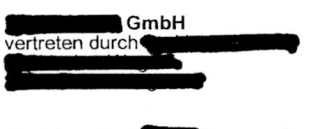

███████ **GmbH**
vertreten durch ███████████
████████████

(im folgenden "████" genannt)

Präambel:

Veranstalter ist Ausrichter des "████████████" (nachfolgend "Festival" genannt) das vom ████ bis zum ████ in █████ stattfindet.

████ vertritt seinen Kunden ████████████ (nachfolgend „ Sponsor" genannt).

Sponsor ist im Geschäftsbereich alkoholische Getränke tätig und vermarktet das Produkt "██ ████" (nachfolgend "Produkt" genannt). Die Kooperation ermöglicht es Sponsor, sich selbst und das Produkt im Rahmen des Festivals zu präsentieren und dies über den Festival-Auftritt, den Produktverkauf, die Kommunikation durch den Veranstalter und Eigenwerbung zu kommunizieren.

Die Parteien sind sich bewusst, dass ihre Zusammenarbeit angesichts der Bedeutung des vereinbarten Sponsorings über die hier geregelten Einzelheiten hinaus zu einer besonderen Loyalität verpflichtet. Sie werden daher in jeder Hinsicht auf die berechtigten Belange des jeweils anderen bei der Erfüllung dieses Vertrages in bestmöglicher Weise Rücksicht nehmen.

1. Vertragsgegenstand

1.1. Die Kooperation bezieht sich auf das folgende Festival:

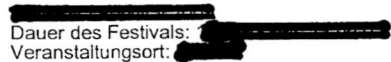

Dauer des Festivals: ████████████
Veranstaltungsort: ████

1.2.1. Sponsor tritt bei dieser Veranstaltung exklusiv für den Geschäftsbereich "██████████ ████████████" im Status als Haupt-Sponsor mit dem Produkt „██████" auf.

1.3. Die Kooperation umfasst eine herausgehobene und exklusive Kommunikation und Präsentation von Sponsor als Haupt-Sponsor des Festivals. Dies geschieht insbesondere durch Präsentation von Sponsor in allen Werbematerialien, auf dem Veranstaltungsgelände, durch die Gelegenheit, das Produkt während des Festivals exklusiv zu verkaufen und durch die Eigendarstellung von Sponsor unter Hinweis auf sein Engagement, so wie nachfolgend näher erläutert.

2. Leistungen Veranstalter - Festival-Auftritt - Produktpräsentation

Die Präsentation von Sponsor auf dem Festival dient der Kommunikation des Engagements gegenüber Endverbrauchern (Publikum), VIP's, sonstigen geladenen Gästen, Medien und Künstlern. Veranstalter ermöglicht es Sponsor, seinen Festival-Auftritt während der gesamten Dauer des Festivals, wie nachfolgend erläutert, zu gestalten.

2.1.   Allgemeine Werbemittel

Sponsor hat das Recht, gut sichtbare Fahnen, Banner, Wegweisschilder, Neons und andere Dekorationsmittel in Koordination und Absprache mit dem Veranstalter auf dem Gelände anzubringen. Die Anzahl, Größe und Anbringung dieser Werbematerialien legen beide Parteien mindestens 6 Wochen vor Veranstaltungsbeginn in einem Brandingplan fest.

2.2.   Bühnenbranding / FOH

Insbesondere wird das Logo des Sponsoren in die, vom Veranstalter produzierten, Großflächenmedien eingebunden.
Die Einbindung erfolgt dem Sponsorstatus entsprechend.
Positioniert sind diese Banner am FOH – Turm und beiden PA – Wings.

2.3.   Samplingmaßnahmen

Sponsor hat das Recht, Samplingmaßnahmen auf den Zufahrtswegen sowie auf dem Festivalgelände durchzuführen und dort Promotionteams einzusetzen, soweit nicht gegen geltendes Recht verstoßen wird. Das Einholen etwaiger Genehmigungen obliegt dem Sponsor. Insbesondere werden im Auftrag des Sponsors durch das Standpersonal Give Aways als verkaufsfördernde Beigabe gesampelt.
Art und Umfang der Samplingmaßnahmen sind mit dem Veranstalter abzustimmen.
Es ist vor allem darauf zu achten, dass es sich hierbei um Umweltverträgliche Maßnahmen (Müllvermeidung) handelt .

2.4.   Sonstige Werbemaßnahmen

Sponsor hat das Recht, weitere, noch näher zu definierende Werbemaßnahmen nach Absprache mit Veranstalter vor Ort durchzuführen. Sponsor wird Veranstalter die Form und Umfang dieser Maßnahmen spätestens zwei Wochen vor Festivalbeginn mitteilen.
Art und Umfang dieser Maßnahmen setzen die ausdrückliche Zustimmung des Veranstalters voraus.

2.5.   Sponsor erhält das Recht, einen ▮▮▮▮-Contest mittels einer Truckbühne durchzuführen. Für diese Truckbühne stellt Veranstalter eine Fläche von 18 m x 10 m kostenfrei zur Verfügung. An der Truckbühne wird ein ▮▮▮▮Getränkestand betrieben. Veranstalter stellt den Strom für die Truckbühne (2x CEE 32A) kostenfrei zur Verfügung. Zudem stellt Veranstalter die benötigten Bühnenabsperrungen (mind. Polizeigitter), sowie abgeplante Bauzäune kostenfrei zur Verfügung.

2.6.   Veranstalter stellt ▮▮einen LKW Standplatz in unmittelbarer Nähe des Festivalgeländes zur Verfügung der sowohl mit einem Festwasseranschluss als auch mit einem Stromanschluss (1x CEE 32A) kostenfrei ausgestattet sein muss.

2.7.   Präsentation im VIP-Bereich

Sponsor hat das Recht, sich und seine Produkte im VIP-Bereich auf dem Festival-Gelände zu präsentieren. Er ist dementsprechend berechtigt, Banner, Neons, Wegweisschilder, Fahnen und sonstige Werbematerialien aufzustellen bzw. anzubringen.
Art und Umfang der Präsenz sind mit dem Veranstalter abzustimmen und werden dem Sponsorstatus angepasst.

Sponsor hat außerdem das Recht, weitere Produkte zum Verkauf anzubieten. Die Parteien sind sich darüber einig, dass das Produkt auch im VIP-Bereich nicht kostenlos abgegeben wird. Sponsor hat jedoch die uneingeschränkte Möglichkeit, seine Gäste mit Gutscheinen im VIP-Bereich zu versorgen, ohne dass er diese gegenüber Veranstalter oder Konzessionär vergüten müsste. Nach Absprache mit anderen Sponsoren des Festivals (Brauerei, AfG-Hersteller etc.) können diese Gutscheine auch für andere Getränke genutzt werden.

Veranstalter wird eine ausreichende Anzahl an Personal (VIP-Hostessen/Hosts) für den Ausschank bzw. den Verkauf auf eigene Kosten während der gesamten Festivaldauer zur Verfügung stellen. Im Gegenzug hierzu stehen sämtliche Einnahmen aus diesem Verkauf Veranstalter zu.

2.8.   Präsentation im Pressebereich

Sponsor hat das Recht, sich und das Produkt durch Presseinformationen und Banner im Pressebereich zu präsentieren. Die Abgabe des Produkts erfolgt auch hier nicht kostenlos.
Die Positionierung von Bannern o.ä. erfolgt gemäß Absprache mit Veranstalter

2.9.   Veranstalter ist für die ausreichende Stromversorgung an allen im Rahmen dieses Vertrages von Sponsor benötigten Einrichtungen verantwortlich und trägt sämtliche hierbei anfallende Kosten.

3.   Leistungen Veranstalter – Festival-Auftritt – Produktverkauf

3.1.   Veranstalter ist bekannt, dass der Getränkeverkauf ein wesentlicher Bestandteil der vorliegenden Vereinbarung und für Sponsor von besonderer Bedeutung ist. Veranstalter wird daher im Rahmen der Beauftragung des Konzessionärs darauf achten, dass Konzessionär bereit und in der Lage ist, die nachfolgenden Bedingungen zu erfüllen. Veranstalter sorgt dafür, dass Sponsor eigene, mit dem Produkt- Branding versehene Getränke-Cateringstände aufstellen und sein Produkt zum Verkauf anbieten lassen kann. Veranstalter wird für den Produktverkauf die Firma XXXXXXX (nachfolgend "Konzessionär" genannt) verpflichten. Für den ordnungsgemäßen Verkauf und die Abrechnung ist neben Veranstalter auch Konzessionär verantwortlich. Die Lieferung des Produkts erfolgt ausschließlich durch Fachgroßhändler unmittelbar an den Konzessionär zu den nachfolgenden Konditionen:

3.2.   Die Abgabeform und der Verkaufspreis des von Sponsor angebotenen Produkts wird wie folgt festgelegt: Verkauf von ███████████████ ███████ zum maximalen Verkaufspreis von Euro ███████.
Veranstalter verpflichtet sich, den noch empfohlenen Verkaufspreis nicht zu überschreiten. Ebenso verpflichtet sich, das Produkt aus den angelieferten Bechern zu verkaufen. Dem Veranstalter und dem Sponsor entstehen hierdurch keine Kosten. Das Pfandhandling, insbesondere die Rückzählung der bepfandeten Becher übernimmt Veranstalter/Konzessionär.

3.3.   Der Einkaufspreis des Produkts wird zwischen Konzessionär, Sponsor und Fachgroßhändler abgesprochen. Hinsichtlich Abnahmemenge, Lieferung, Verkauf und Rücknahme wird sich der Fachgroßhändler mit Konzessionär absprechen. Die Ware wird auf Kommission ausgeliefert und bleibt bis zur Bezahlung Eigentum von Fachgroßhändler. Konzessionär haftet neben Veranstalter für eine ordnungsgemäße Abrechnung.

3.4.   Sponsor stellt Veranstalter/Konzessionär bis zu ██ Ausschankeinheiten leihweise zur Verfügung. Die Zelt-Stände haben eine Frontlänge von 3 Metern und eine Tiefe von 3 Metern.

In den Ausschankeinheiten sollen insbesondere das Produkt, sowie ausdrücklich auch alkoholfreie Getränke verkauft werden. Veranstalter ist bewusst, dass der Verkauf des Produkts maßgebliches Interesse von Sponsor ist. Er verpflichtet sich, nach besten Möglichkeiten den hierfür erforderlichen Platz zur Verfügung zu stellen. Für die rechtzeitige Einholung der Ausschankkonzession ist Veranstalter/Konzessionär verantwortlich.

3.5.   Die Ausschankeinheiten von Sponsor werden gemäß dem Flächenplan des Veranstalters' positioniert und unter Berücksichtigung der örtlichen Gegebenheiten gebaut.

3.6.   Veranstalter/Konzessionär wird das Produkt außerdem in allen weiteren Getränkeständen auf dem Festivalgelände (Discos, Cocktailstände) verkaufen, sofern nicht Interessen anderer Sponsoren entgegenstehen.

3.7.   Veranstalter/Konzessionär wird an jedem von ihm betriebenen Stand eine ausreichende Anzahl an Personal für den Ausschank bzw. den Verkauf auf eigene Kosten während der gesamten Dauer des Festivals zur Verfügung stellen.
Veranstalter/Konzessionär wird dafür Sorge tragen, dass das Standpersonal "███████ Festival- Shirts" trägt. Diese stellt Sponsor in ausreichender Menge und Größe kostenlos zur Verfügung.

3.8. Der Sponsor erhält das Recht auf der Veranstaltung eine Besucherbefragung (Demoskopie) durchzuführen.

4. Leistungen Veranstalter - Zugangsberechtigungen

4.1. Veranstalter gewährleistet, dass Sponsor und dessen Beauftragte freien Zugang zur Veranstaltung erhalten und bei der Durchführung ihrer Aufgaben, soweit sie unter diesen Vertrag fallen, unterstützt werden. Ebenso gewährleistet Veranstalter in der Auf- und Abbauphase freien Zugang und – sofern dem keine erheblichen technischen Bedenken oder anderweitige Vorschriften entgegenstehen – die freie Zufahrt auf das Gelände zum Auf- und Abbau.

4.2. Hierzu und zur Bewirtung von Gästen von Sponsor stellt Veranstalter Sponsor kostenfrei folgende Zugangsberechtigungen zur Verfügung:

4.2.1. mindestens ██ Zugangsberechtigungen zum VIP-Bereich des Festivals, die auch für den Zutritt zum Festival (inklusive Campingplatz) geeignet sind;

4.2.2. ██ AAA Pässe, die vom Sponsor sorgsam eingesetzt und nicht missbräuchlich verwendet werden;

4.2.3. ████ Arbeitspässe

4.2.4. ██ Fotopässe.

4.2.5. ██ Festival Tickets

4.3. Sämtliche Zugangsberechtigungen und Eintrittskarten werden vor Ort ausgegeben. Mitarbeiter und Gäste des Sponsors sind vorab namentlich zu benennen. Mitarbeiter erhalten Arbeitsausweise, etc. im Produktionsbüro vor Beginn des Festivals. Gäste des Sponsors erhalten ihre Tickets / Pässe über Gästeliste am VIP COUNTER des Festivals.

5. Leistungen Veranstalter - Kooperationskommunikation

5.1. Veranstalter kommuniziert die Kooperation insbesondere durch Branding des Produktlogos und -namens. Die Kooperationsleistungen beziehen sich auf die Marke

████████

Veranstalter wird das Logo von Sponsor im Rahmen des Event-Auftritts und in den veranstaltereigenen Medien und durch sonstige Einbeziehung in PR-Aktionen zum Festival in prominenter Weise als einen der Sponsoren des Festivals wiedergeben (Branding). Dies geschieht durch:

5.1.1. Abdruck des Sponsorlogos in prominenter Größe auf der Vorderseite des offiziellen Festivalplakates mit einer verbreiteten Druckauflage von

XXXXXX Kneipen- und VVK-Stellen-Plakaten.

5.1.2. Einbindung des Sponsorlogos in prominenter Größe in von Veranstalter geschalteten Print-Anzeigen.

5.1.3. Abdruck des Sponsorenlogos in prominenter Größe auf der Sponsorenseite der Festivalzeitung sowie redaktionelle Darstellung des Engagements von Sponsor mit Logoeinbindung.

5.1.4. Abbildung des Sponsorlogos im Internetauftritt von Veranstalter ("www.████████com") sowie Verlinkung zum Online-Auftritt von Sponsor ("www.████████com"),

5.1.5. Integration von Sponsor-Fotos innerhalb einer Fotogalerie auf dem Internetauftritt des Veranstalters ("www.████████com"); die Fotos stellt Sponsor zur Verfügung,

5.1.6. Abdruck auf allen weiteren Werbe- und Kommunikationsmitteln des Festivals, die nicht einem speziellen Sponsor vorbehalten sind, auch soweit deren Verwendung zum Zeitpunkt des Vertragsschlusses noch nicht feststeht.

5.1.7. Ausdrückliche und prominente Hinweise auf den Sponsor in sämtlichen Presseverlautbarungen des Veranstalters, die sich auf Sponsoren des Festivals beziehen.

5.2. Die konkrete Integration des Logos während des Festival-Auftritts und in den von Veranstalter zur Verfügung gestellten Medien werden die Parteien rechtzeitig und einvernehmlich unter Berücksichtigung der Gesamtkonzeption miteinander abstimmen. Veranstalter wird Sponsor die Entwürfe für die Integration des Logos im Rahmen des Festival-Auftritts, sofern dies Veranstalter übernimmt, sowie das Layout des Festival-Plakates zur Abnahme für die Verwendung im Rahmen des gesamten Sponsorlogobrandings vorlegen. Sponsor wird innerhalb von drei Werktagen nach Vorlage hierzu Stellung nehmen und die Freigabe erteilen, wenn die Entwürfe bzw. das Layout den oben genannten Vorgaben entsprechen.

5.3. Sponsor erhält eine Option zur Schaltung einer kostenlosen, max. ganzseitigen Anzeige auf der U4 oder einer Anzeige auf der U2 im offiziellen Festival-Magazin (Auflage XXXXX).

5.4. Veranstalter übergibt Sponsor jeweils unmittelbar nach Herstellung der oben genannten Kommunikationsmittel Belegexemplare in ausreichender Anzahl, mindestens jedoch 10 Stück pro Kommunikationsmittel.

5.5. Veranstalter übergibt Sponsor spätestens zwölf Wochen nach Ende des Festivals eine vollständige Dokumentation mit Vor- und Nachberichten zur Veranstaltung. Die Dokumentation wird insbesondere Resultate in den Bereichen Print, Radio, TV sowie Zugriffszahlen zur Webpage belegen.

6. Leistungen Veranstalter – Lizenzen

6.1. Veranstalter räumt Sponsor das Recht ein, Namen, Logo, Plakate, inhaltliche Darstellungen, sowie sonstige Kommunikationsmittel von Veranstalter zu Zwecken der kommunikativen und werblichen Darstellung des Engagements von Sponsor inhaltlich, zeitlich und örtlich unbegrenzt und in allen bekannten Nutzungsarten zu nutzen.
Jegliche kommerzielle Nutzung ist jedoch Ausgeschlossen.

6.2. Sponsor hat demnach insbesondere das Recht,

6.2.1. sich im Rahmen seiner Eigen-PR als "Offizieller Förderer/Sponsor des ████████ Festival ████' o.ä. zu bezeichnen;

6.2.2. bei allen Veröffentlichungen und auf allen Werbemitteln – z.B. auf Anzeigen, Verkaufsförderungsmaterialien, Plakaten, Pressemitteilungen, Firmenberichten, Katalogen, Preislisten, Rundfunk- und Fernsehsendungen, sowie auf seinen Internet-Websites, den Ausdruck „Sponsor ████ Festival ██' o.ä., sowie das Logo und Artwork des Festivals zu verwenden;

6.2.3. in Abstimmung mit Veranstalter, Namen, Logos, Plakate, Zeichen oder sonstigen Darstellungen des Festivals auf seinem Produkt abzubilden, zu verwenden oder von Dritten in unmittelbarer Verbindung mit dem Produkt in Verbindung bringen zu lassen;

6.3. Sponsor ist berechtigt, die Maßnahmen gemäß Ziffern 6.1. und 6.2. selbst durchzuführen oder durch Dritte durchführen zu lassen.

7. Exklusivität

7.1. Veranstalter/Konzessionär garantiert, dass im Zusammenhang mit dem Festival, d. h. sowohl im Rahmen der Kommunikation, als auch auf dem Festivalgelände, sowie im unmittelbar angrenzenden und vom Veranstalter kontrollierten Bereich keine anderen Getränke aus dem Produktgenre ████████████████ ausgeschenkt oder beworben werden. Veranstalter verbleibt die Hoheit, bestehende Partnerschaften in Bezug auf Ausschank und Kommunikation weiter zu führen, bzw. neue zu schließen, sofern die Exklusivität im definierten Produktgenre hiervon nicht berührt wird.
Weiterere ████████partner mit Ausnahme von ████████████ dürfen auf dem Festivalhauptgelände ausschließlich durch einen klassischen Verkaufsauftritt kommuniziert werden.

Eine Kommunikation über Bannering, Bühnenbranding, Samplingaktionen steht auf dem Hauptgelände ausschließlich der Marke ████████ zu.

7.2. Von den Regelungen in Ziffer 7.1. nicht umfaßt ist der Verkauf spirituosenhaltiger Getränke innerhalb speziell und ausschließlich zum Ausschank von Cocktails oder Spirituosen vorgesehener Bars. Verkauf anderer ████████████████████████ bleibt, innerhalb sämtlichen offiziellen Festivalbereichen, auch in den beschriebenen Bars ausdrücklich untersagt.

8. Leistungen Sponsor - Vergütung

8.1. Sponsor zahlt für die Leistungen von Veranstalter eine Gesamtsumme in Höhe von

EUR ████████████████

8.2. Die Zahlung ist wie folgt fällig:

8.2.1. 33 % 14 Tage nach Unterzeichnung dieser Vereinbarung durch beide Parteien, spätestens jedoch am ████████

8.2.2. 33% 14 Tage vor dem Festival, 34 % 14 Tage nach Festivalende und ordnungsgemäßer Abrechnung der Produktverkäufe gemäß Ziffer 3. durch Veranstalter/Konzessionär sowie entsprechendem Zahlungseingang.

8.3. Sämtliche Beträge verstehen sich jeweils zzgl. der gesetzlichen Mehrwertsteuer.

9. Haftung

9.1. Sponsor schließt gegenüber Veranstalter und Konzessionär seine Haftung für jeden Schaden aus, der nicht auf einer vorsätzlichen oder grobfahrlässigen Vertragsverletzung von Sponsor, oder auf einer vorsätzlichen oder grobfahrlässigen Vertragsverletzung eines gesetzlichen Vertreters, oder Erfüllungsgehilfen von Sponsor beruht.

9.2. Die Vertragsparteien sind sich einig, dass Sponsor für die Organisation und Durchführung der gesponsorten Veranstaltung keine Verantwortung trägt und Dritten, insbesondere Besuchern und Teilnehmern der gesponsorten Veranstaltung, außer im Falle vorsätzlicher oder grob fahrlässigem Handeln Schadenszufügung, nicht haftet.

9.3. Veranstalter verpflichtet sich, Sponsor von etwaigen Schadensersatzansprüchen Dritter im Zusammenhang mit diesem Vertrag und der Durchführung des Festivals freizustellen, es sei denn, sie beruhen auf vorsätzlichem oder grob fahrlässigem Handeln von Sponsor.

9.4. Für Dekorations- und Promotionmaterialien (Werbemittel gemäß Ziffern 2.1. und 2.2.), die von Sponsor zur Verfügung gestellt werden, übernimmt Veranstalter keine Haftung bei Verlust oder Beschädigung.

9.5. Für die zur Verfügung gestellte Infrastruktur (insbesondere Ausschankstände nebst Zubehör) haften Veranstalter und Konzessionär in voller Höhe bis zur ordnungsgemäßen Rückgabe.

9.6. Sollte Veranstalter für die Durchführung von Maßnahmen behördliche oder sonstige Genehmigungen benötigen, wird er diese Genehmigungen rechtzeitig auf eigene Kosten einholen.

9.7. Sollte Veranstalter einzelne der in dieser Vereinbarung geregelten Leistungen nicht oder nur teilweise oder mangelhaft erbringen, so ist Sponsor – unbeschadet weiterer Ansprüche – berechtigt, die gemäß Ziffer 8. vereinbarte Vergütung wie folgt zu kürzen:

9.7.1. bei Schlechtleistungen in Zusammenhang mit den in Ziffer 2. vereinbarten Leistungen

bis zu 30 %

9.7.2. bei Schlechtleistungen in Zusammenhang mit den in Ziffer 3. vereinbarten Leistungen

bis zu 30 %

9.7.3. bei Schlechtleistungen in Zusammenhang mit den in Ziffer 4. vereinbarten Leistungen

bis zu 10 %

9.7.4. bei Schlechtleistungen in Zusammenhang mit den in Ziffer 5. vereinbarten Leistungen

bis zu 30 %.

9.8. Unabhängig von vorstehenden Regelungen ist Sponsor berechtigt, die gemäß Ziffer 8. vereinbarte Vergütung um mindestens 30% zu kürzen, wenn mehr als 30% der auf den Werbemitteln angekündigten Künstler nicht auf dem Festival auftreten.

9.9. Sponsor verbleibt daneben das Recht vom Vertrag ganz oder teilweise zurückzutreten. Dies gilt insbesondere für den Fall des Ausfalls des Festivals, gleich aus welchem Grund. In diesem Fall entfällt der Anspruch von Veranstalter auf Vergütung. Bereits von Sponsor gezahlte Beträge sind unverzüglich zurückzuzahlen. Bereits gewährte Sachleistungen sind zurückzugeben. Etwaige geldwerte Vorteile aus bereits zustande gekommenen Werbeleistungen werden abgezogen. Bei nur teilweisem Ausfall des Festivals wird der Anspruch auf Vergütung pro ausgefallenem Tag bzw. nach Veranstaltungsstunden anteilig gemindert.

9.10. Veranstalter wird eine ausreichende und sämtliche Leistungen dieses Vertrages berücksichtigende Veranstalterhaftpflichtversicherung abschließen und dies Sponsor auf Verlangen nachweisen.

9.11. Veranstalter übernimmt hinsichtlich des Links von der Sponsor-Website "www█████.com" zur Veranstalter-Website "www█████.com" die volle Verantwortung für den Inhalt seiner Website "www.█████.com" und stellt Sponsor von sämtlichen Ansprüchen auf erstes Anfordern frei, die gegebenenfalls gegen Sponsor wegen Inhalten auf dieser Website nur deshalb geltend gemacht werden, weil auf der Website "www█████.com" ein Link zur Veranstalter-Website gesetzt wurde. Diese Freistellung gilt in gleicher Weise für den umgekehrten Fall, in dem Veranstalter einen Link zur Website von Sponsor setzt. Die Parteien verpflichten sich wechselseitig, sich unverzüglich schriftlich zu benachrichtigen, wenn von Dritten Ansprüche im Zusammenhang mit den Websites geltend gemacht werden.

10. Verantwortlicher Ansprechpartner

Veranstalter benennt als verantwortlichen Ansprechpartner XXXXXXXXX, der für sämtliche vertragsgegenständlichen Absprachen zuständig ist.

11. Vertraulichkeit

11.1. Die Parteien verpflichten sich, gegenüber Dritten über den Inhalt dieses Vertrages und alle damit in Zusammenhang stehenden Informationen Stillschweigen zu bewahren. Dies gilt auch für die Zeit nach Beendigung des Vertrags und insbesondere hinsichtlich der Höhe der vereinbarten Sponsoring-Beträge.

11.2. Die Parteien verpflichten sich, kritische oder herabwürdigende Äußerungen über den anderen Vertragspartner gegenüber Dritten zu unterlassen, insbesondere in Bezug auf interne oder organisatorische Vorgänge, technische Fragen oder ähnliches.

12. Vertragsdauer und Option

12.1. Dieser Vertrag gilt für das ████████████. Er tritt am █████████in Kraft und endet am █████.

12.2. Die Vertragsparteien beabsichtigen, diese Kooperation bei Erfolg auch in kommenden Jahren weiterzuführen. Veranstalter räumt Sponsor zu diesem Zweck das Recht auf Abgabe eines Erstangebots im Produktgenre von Sponsor für das im Jahr████stattfindende Festival ein. Dieses Recht steht unter der Bedingung, dass das Festival im Jahr█ wieder stattfindet. Ein solches Angebot hat Sponsor schriftlich per Einschreiben oder Fax spätestens bis zum ████████an Veranstalter vorzulegen. Sollte dieser Termin vom Sponsor nicht eingehalten werden, steht es dem Veranstalter ab diesem Zeitpunkt frei, neue Vereinbarungen im Produktgenre des Sponsor zu treffen. Im Falle der Vertragsverlängerung sind die Vertragsparteien bei evtl. zwischenzeitlich eingetretener wesentlicher Veränderung der diesem Vertrag zugrundeliegenden Verhältnisse zu neuen Verhandlungen über den Umfang der wechselseitigen Rechte und Pflichten verpflichtet. Kann zwischen den Vertragsparteien in diesem Fall innerhalb angemessener Frist kein Einvernehmen über die Konditionen der Vertragsverlängerung hergestellt werden, so sind sie nicht zu einer Vertragsverlängerung verpflichtet.

13. Schlußbestimmungen

13.1. Änderungen und Ergänzungen dieser Vereinbarung bedürfen der Schriftform. Dies gilt auch für die Aufhebung der Vereinbarung insgesamt oder einzelner Bestimmungen dieser Vereinbarung einschließlich dieser Schriftformvereinbarung. Mündliche Nebenabreden sind nicht getroffen. Erfüllungsort und Gerichtsstand ist der Sitz von Veranstalter. Es gilt deutsches Recht.

13.2. Sollte eine Bestimmung dieser Vereinbarung unwirksam sein oder werden, berührt dies die Wirksamkeit der Vereinbarung im übrigen nicht. Die ungültige Regelung wird einvernehmlich durch eine solche ersetzt, die unter Berücksichtigung der Interessen beider Parteien den gewünschten wirtschaftlichen Zweck zu erreichen geeignet ist. Die Parteien sind verpflichtet, an einer entsprechenden Klarstellung des Textes der Vereinbarung mitzuwirken. Entsprechendes gilt für etwaige Regelungslücken, die diese Vereinbarung enthält.

13.3. Die Parteien erkennen die Unterzeichnung dieser Vereinbarung per Telefax als verbindlich an und vereinbaren über die Details dieses Vertrages Stillschweigen gegenüber Dritten und gegenüber der Öffentlichkeit.

................................, den.................   ...., den ....

....
███████████   ██████

................................, den ....

....
Konzessionär

zur Kenntnisnahme:

................................, den ....

....
██████████████████

Beispielvertrag für den Einsatz eines Testimonials aus dem Sportbereich

Rahmenvereinbarung

zwischen

(nachfolgend „██████████")

und

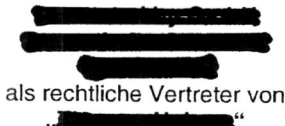

als rechtliche Vertreter von
„██████████"

Präambel

██████████ erklärt die verbindliche Absicht, Herrn ██████████ als offiziellen „███ Fußball-Botschafter" im Rahmen ihrer Marketingaktivitäten vor und während der Fußball-WM 2006, vorrangig in Deutschland, einzusetzen. Es soll daher ein genereller Rahmenvertrag für 2005 und 2006 geschlossen werden, der neben den bereits hierin festgelegten Leistungen auch für zusätzliche Einsatzformen entsprechend erweiterbar wäre.

Es wird daher mit ██████████, die in diesem Fall die Interessen von ██████████ vertreten, folgende Vereinbarung getroffen:

1. Wesentliche Vertragsinhalte

(1) ██████████ und ██████████ vereinbaren den Einsatz von Herrn ██████ bei ██████████ Events im Zeitraum vom ██████████ bis zum ██████████. Terminierung und Dauer der Auftritte müssen mit Herrn ██████ im jeweiligen Einzelfall abgestimmt werden. Zu folgenden Eventideen hat Herr ██████ – vorbehaltlich der zeitlichen Verfügbarkeit - bereits seine grundsätzliche Bereitschaft der Teilnahme, erklärt:

- Fußballaffine Events, z.B. ██████████-Events, Pre-Match-Events, Business-Events, Regionalevents, Truckshows
- öffentliche Pressekonferenzen;
- Stadiontouren;
- Indoor-Cup;
- Trophy Event;
- Messen;

Die im Anhang verzeichneten Termine sind bereits verbindlich abgesprochen, weitere Termine werden sukzessive festgelegt.

Herr ██████ verpflichtet sich, im Rahmen seiner Eventtermine zu folgenden Leistungen, deren Einsatz und Umfang dem jeweiligen Einzelfall entsprechend mit Herrn ██████ abgestimmt werden:

- Interview

- Autogrammstunde

- Tischfußball o.ä. Aktionen mit VIP-Kunden

- Small Talk mit Kunden im VIP-Bereich

- Fotoshooting mit VIP-Kunden

- Moderation

Der Programmablauf, Inhalt des Interviews, Inhalt der Moderation, Interviewfragen, Fotos, Dresscode, Erwartungen usw. werden vorab besprochen und definiert.

(2) Herr ██████ räumt ██████ das Recht ein, Fotos seiner Person, seine Biographie und Interviews im Zusammenhang mit den Events auf den FIFA-Sonderseiten auf der ██████ Homepage im Internet oder in Newslettern, sei es elektronisch oder in Printausgaben, bereits vorab als Ankündigung von Programmpunkten zu veröffentlichen und zu vervielfältigen.

(3) Herr ██████ räumt ██████ darüber hinaus die folgenden Nutzungsrechte ein:

- Berechtigung zur Bezeichnung ██████ als „offiziellen ██████ Botschafter zur Fußball WM 2006" (o.ä.; genaue Bezeichnung folgt) in allen Maßnahmen der Unternehmenskommunikation außer TV-, Plakat- Radio, Internet (ausgenommen die eigene Website) oder Anzeigenkampagnen (ausgenommen special interest Titel). Die Rechte für die ausgeschlossenen Medien sind grundsätzlich möglich, müssten aber im Bedarfsfall über einem Zusatzvertrag erworben werden. Bei Abschluß des Zusatzvertrages „██████" erweitern sich die beschriebenen Nutzungsrechte automatisch um die Bereiche Radio und Internet.

- Berechtigung zum Einsatz der unter Punkt (2) beschriebenen Materialien wie Fotos, Biographie, Interviews etc. auch bei weiterführenden Maßnahmen der Unternehmenskommunikation (inklusive eigener internationaler Webpage und Videomitschnitte für Bestandskundenmarketing) außer TV-, Plakat- Radio, Internet (ausgenommen die eigene Website) oder Anzeigenkampagnen (ausgenommen special interest Titel) Die Rechte für die ausgeschlossenen Medien sind grundsätzlich möglich, müssten aber im Bedarfsfall über einem Zusatzvertrag erworben werden. Bei Abschluß des Zusatzvertrages „█████████" erweitern sich die beschriebenen Nutzungsrechte automatisch um die Bereiche Radio und Internet.

- Integration in weiterführende Ideen wie z.B. Kommentare/Tagebuch auf der ████████-Webpage (z.B. „██████████████████████████"), Kundennewsletter, individuelles Interview, „██████████" (Infobroschüre). Hierzu liefert Herr ███████ die benötigten Inhalte, die durch ██████████ entsprechend der Zielsetzung aufbereitet werden. *Die hierfür zusätzlich benötigten Nutzungsrechte sind inklusive* der zusätzliche Eigenaufwand für Herrn ███████ muss hierbei möglichst gering gehalten werden

Das Nutzungsrecht ist zeitlich auf den Zeitpunkt von drei Monaten nach Ablauf des Vertrages beschränkt, räumlich unbeschränkt und umfasst das Vervielfältigungs-, Verbreitungs- und Vorführungsrecht im oben beschriebenen Umfang sowie das Recht zur Bearbeitung. Es umfasst die Nutzung und Verwertung im Zusammenhang mit digitalen und sonstigen Speicher- und Übertragungstechniken, insbesondere die Nutzung auf Datenträgern (z.B. CD-ROM) und/oder Datenbanken sowie die interaktive Nutzung (z.B. Internet) im oben beschriebenen Umfang.

(4)
Herr ████████ leistet Hilfestellung bei der Integration von ██████████ bei ausgesuchten Medienpartnern (insbesondere ██████ bzw. Unterstützung unter Einsatz von persönlichen Kontakten zu ausgesuchten Medien/Journalisten und anderen Entscheidungsträgern; im Einzelfall auch direkte Ansprache von anderen Fußballspielern möglich

(5) Herr ████████ sichert █████████ bei seinen Werbeaktivitäten Branchenexklusivität im Bereich █████████ zu, d.h. er wird für die Dauer der Vertragslaufzeit nicht für einen Wettbewerber werben.

2. Vergütung

(1) Für die in Ziffer 1 beschriebenen Leistungen bis zum ██████████ wird eine pauschale Vergütung in Höhe von netto EUR ██████████ vereinbart. Die vertraglich vereinbarten Nutzungsrechte sind mit dem Honorar abgegolten.

(2) ██████████ bezahlt eine Aufwandspauschale in Höhe von netto EUR ██████ für anfallende Reisekosten

███

(3) Das Honorar für erforderlich werdende Zusatzauftritte wie in Ziffer 1 Nr. (1) beschrieben beträgt bis maximal sechs Stunden je Eventtermin ███████ und bei Auftritten bis maximal drei Stunden ████. Bei Pressekonferenzen mit einer Maximaldauer von einer Stunde, die an einem Ort stattfinden, an dem sich Herr ██████ zu diesem Zeitpunkt ohnehin aufhält, beträgt das Honorar ████████. Die Nutzungsrechte für erforderlich werdende Zusatzauftritte sind mit dem Honorar abgegolten.

(4) Die pauschale Vergütung versteht sich zzgl. der gesetzlichen MwSt. von z. Zt. 16% und wird wie folgt fällig:

1. Teil in Höhe von netto EUR ██████ bis zum ████████

2. Teil in Höhe von netto EUR █████ bis zum ██████

jeweils zahlbar innerhalb von 45 Tagen nach Rechnungsstellung durch ████████ auf das Konto von ████████. Die Aufwandspauschale wird zum ████████ gesondert in Rechnung gestellt.

Für den Fall, dass Herr █████ seine vertraglichen Leistungen nicht erbringt oder nicht erbringen kann, besteht kein Anspruch auf das jeweilige Honorar. Etwaige schon geleistete Zahlungen sind ████████ unverzüglich zu erstatten.

3. Vertragsdauer

Die Rahmenvereinbarung tritt zum ██████ in Kraft und gilt bis zum ████████ Eine fristlose Kündigungsmöglichkeit für beide Seiten wird vereinbart, insofern sich eine Seite imageschädigend verhalten sollte (etwa rassistische Äußerungen, negative Schlagzeilen wegen Geschäftsgebaren, private Skandale)

4. Vertraulichkeit

Alle Parteien vereinbaren absolute Schweigepflicht über die Inhalte der Vereinbarung gegenüber Dritten. Siehe Non Disclosure Agreement vom ██████.

5. Wohlverhalten

Die Vertragsparteien verpflichten sich einander zu gegenseitigem Respekt, Wohlverhalten und Loyalität. ████████ wird sich insbesondere nicht öffentlich negativ über ████████ und deren Leistungen äußern. ████ ██████ ist gehalten, auf schutzwürdige Interessen von ████████ insbesondere auf ihren Ruf und Ansehen Rücksicht zu nehmen. Die genannten Verpflichtungen sind wesentliche Vertragspflichten und gelten auch nach Beendigung des Vertrages fort.

Die Vertragsparteien werden sich gegenseitig umgehend über alle Umstände, die für die Durchführung dieses Vertrages von Bedeutung sein könnten, unterrichten.

5. Schlussbestimmungen

Mündliche Nebenabreden bestehen nicht. Ergänzungen und Änderungen dieses Vertrages bedürfen der Schriftform. Dies gilt auch im Falle einer Verzichtserklärung.

Die Unwirksamkeit einer Bestimmung dieser Vereinbarung lässt die Wirksamkeit der sonstigen Bestimmungen unberührt. Sollte eine Bestimmung dieser Vereinbarung unwirksam sein oder werden, wird die unwirksame durch eine wirksame Bestimmung ersetzt, die dem wirtschaftlichen Zweck der unwirksamen Bestimmungen am nächsten kommt. Enthält der Vertrag eine Regelungslücke, soll eine angemessene Regelung gelten, die dem am nächsten kommt, was die Vertragspartner gewollt haben würden, sofern sie beim Abschluss dieses Vertrages diesen Punkt bedacht hätten.

Gerichtsstand ist ███████ Es gilt das Deutsche Recht.

███████, den

....
███████████

███, den

....
█████████

████████████████████

Leitfaden zur Gestaltung eines Sponsorenvertrags

Leitfaden zur Gestaltung eines Sponsorenvertrags

Sponsoringverträge sind fast immer Individualverträge, denn das Verhältnis von Leistungen und Gegenleistungen ist für jedes Sponsoring, für jeden Event, ja sogar für verschiedene Sponsoren in einem Event unterschiedlich.

Die vorangegangenen Vertragsmuster zeigen Ihnen anschaulich, dass unterschiedliche Events zu unterschiedlichen Sponsoringverträgen führen. Gute Verträge sorgen daher für Klarheit und Transparenz. Sie zeigen auf, wer die Vertragsparteien sind, welche Leistungen erbracht werden und welche Regelungen greifen sollen, wenn die eine oder andere Seite ihren Part nicht erfüllt.

Dieser Leitfaden dient als Hilfe für die Erstellung eines Vertragsentwurfes für eigene Maßnahmen. Statt eines fertigen Vertrages erhalten Sie das folgende Raster für den Aufbau eines Sponsorenvertrags:

Aufbau eines Sponsorenvertrages	
Präambel	Definition „Sponsoringziel"
§ 1	Die Vertragsparteien
§ 2	Leistungen des Sponsoringgebers, Definition und Berechnungsgrundlagen
§ 3	Leistungen des Sponsoringnehmers, Definition und Berechnungsgrundlagen
§ 4	Ausschließlichkeit (Exklusivitätsklauseln)
§ 5	Wohlverhalten, Unterrichtung, Vertraulichkeit, Zweckbindung
§ 6	Persönliche Leistung, Abtretbarkeit
§ 7	Ausschluss der Arbeitnehmereigenschaft
§ 8	Haftungsausschluss, Erfüllungsinteresse
§ 9	Vertragsstrafe, Aufrechnung, Abtretung
§ 10	Inkrafttreten, Laufzeit, Optionsrechte
§ 11	Vorzeitige Vertragsbeendigung, Rückgewähr von Leistungen, Vertragsstrafen
§ 12	Regelung von Interessenkollisionen
§ 13	Schriftform, Zugang von Erklärungen, Teilunwirksamkeit
§ 14	Anwendbares Recht, Erfüllungsort, Gerichtsstand
§ 15	Anlagen

Auf den folgenden Seiten finden Sie einen Fragenkatalog für jeden Abschnitt/Vertragsparagrafen mit Fragen und Hinweisen zur richtigen Beantwortung.

Wenn Sie alle Fragen für sich schriftlich beantworten, erhalten Sie einen inhaltlich fundierten Entwurf für Ihren Sponsorenvertrag. Achten Sie bei Ihren Formulierungen darauf, dass diese eindeutig und verständlich sind. Bedenken Sie, dass es viele Begrifflichkeiten gibt, die unterschiedlich verstanden werden können. Dieses kann insbesondere bei dem Versprechen von Werbeleistungen zur Missverständnisssen und Ärger führen. Ein guter Vertrag definiert daher eine Leistung und stellt so sicher, dass beide Partner ein gemeinsames Verständnis haben.

Abschnitte/Fragen, die für Sie keine Relevanz haben, können Sie streichen. Prüfen Sie aber sorgfältig, ob der Punkt nicht doch in Zukunft relevant werden könnte.

Tipp

Einen rechtsicheren Vertrag erhalten Sie, wenn Sie Ihren Vertragsentwurf von einem Rechtsanwalt unter Berücksichtigung der aktuell geltenden Rechtsprechung überarbeiten lassen.

Der Präambeltext: Was sind die Sponsoringziele?

_____

_____

_____

_____

_____

_____

_____

_____

_____

_____

_____

_____

_____

_____

Hinweis:

Eine Vertragspräambel stellt den grundsätzlichen Charakter der zu treffenden Vereinbarung dar. In Sponsoringverträgen sollten Sie hier die Sponsoringziele und den Charakter der gemeinsamen Maßnahmen nennen. Zusätzlich sollte noch eine Kurzbeschreibung des Projekts des Sponsoringnehmers erfolgen (was wird gesponsort?). Schreiben Sie die Ziele so auf, dass diese von einem **nicht fachkundigen Dritten** verstanden und nachvollzogen werden können.

§ 1 Die Vertragsparteien

Wer ist der Sponsor?

_____

_____

_____

_____

_____

Hinweise:

1. Nennen Sie den Sponsor mit seiner Adresse.
2. Geben Sie bei einer Firma genau an, wer den Vertrag unterzeichnen soll. Prüfen Sie gegebenenfalls ob der Vertreter auch die Berechtigung hat, derartige Verträge zu schließen.
3. Große Unternehmen können mehrere, rechtlich unabhängige Tochtergesellschaften haben. Fragen Sie im Zweifel nach, mit wem genau Sie den Vertrag schließen werden.
4. Geben Sie dem Sponsor eine zukünftige Bezeichnung im Vertrag (zum Beispiel „nachfolgend kurz Sponsor genannt" o. Ä.).

Wer ist der Sponsoringnehmer (Sportler, Darsteller, Veranstalter, Verein)?

_____

_____

_____

_____

_____

Hinweise:

1. Nennen den Sponsoringnehmer mit seiner Adresse.
2. Prüfen Sie die Unternehmensform beziehungsweise bei Vereinen, ob zum Beispiel eine Gemeinnützigkeit vorliegt. Dies ist sehr wichtig für die steuerliche Behandlung.
3. Geben Sie bei einem Verein an, wer den Vertrag unterzeichnen soll. Prüfen Sie gegebenenfalls ob der Vertreter auch die Berechtigung hat, derartige Verträge zu schließen.

4. Wenn eine Agentur einen Sportler oder Schauspieler „vermarktet/vertritt" kann es sein, dass die Zustimmung des Sportlers oder Schauspielers für die Gültigkeit des Vertrages notwendig ist.

5. Erläutern Sie bei Personensponsorings, die über eine Agentur abgeschlossen werden, die Person, um die es sich handelt. Es kann für die Auslegung eines Vertrages wesentlich sein, ob ein regionales Nachwuchstalent oder ein Olympiasieger bestimmte Leistungen erbringen soll.

6. Bei Vereinen wird in der Regel nur der Vorstand berechtigt sein, Verträge abzuschließen.

§ 2 Leistungen des Sponsoringgebers, Definition und Berechnungsgrundlagen

_____

_____

_____

_____

_____

_____

_____

_____

_____

_____

Hinweise:

1. Nennen Sie genau welche Leistungen der Sponsoringgeber erbringt. Unterteilen sie hierbei in Geldleistungen und Sachleistungen (und eventuell Medialeistungen beziehungsweise Extraleistungen).

2. Definieren Sie die Zeitpunkte der Leistungserbringung (bei Geldleistungen „Zahlungsziele") und in welcher Form diese abgewickelt werden sollen (bei Geldleistungen angabe des Zielkontos nicht vergessen!).

3. Definieren Sie wann und in welcher Form eine Minderung der vereinbarten Sponsorleistungen erfolgen kann sowie in welcher Form und Höhe.

4. Definieren Sie, insbesondere bei Sach- und Sonderleistungen, den genauen Umfang.

§ 3 Leistungen des Sponsoringnehmers, Definition und Berechnungsgrundlagen

Hinweise:

1. Nennen Sie genau welche Leistungen der Sponsoringnehmer erbringt. Erstellen Sie eine Auflistung der Maßnahmen.
2. Definieren Sie diese Maßnahmen auch mit Anzahl, Größe etc.
3. Bezeichnen Sie klar die regionale Ausdehnung der Maßnahmen (insbesondere Nutzungsrechte).
4. Definieren Sie bei den Nutzungsrechten klar, was diese beinhalten (zum Beispiel Rechte am Bild, am Namen, Titel, Logo, Claim …).
5. Unterscheiden Sie deutlich, ob es sich um Garantie- oder nur mögliche Leistungen handelt (zum Beispiel bei Mediawerten).
6. Benennen Sie klar nach welchem Berechnungsschlüssel ausgewertet wird (zum Beispiel Kontaktzahlen; sehr wichtig bei leistungsabhängiger Vergütung) → siehe auch „FASPO-Konventionen", www.faspo.de.

§ 4 Ausschließlichkeit (Exklusivitätsklauseln)

_____

_____

_____

_____

_____

_____

Hinweise:

1. Ist der Sponsor der exklusive Sponsor?
2. Ist die Exklusivität beschränkt auf ein Land, eine Region, einen Zeitraum?
3. Ist die Exklusivität auf eine Branche oder Produktgruppe beschränkt (Exklusiver Sponsor Automobile, Versicherungen, …)?
4. Gibt es weitere Sponsoren?
5. Wie ist die Stellung weiterer Co- und Nebensponsoren zum Hauptsponsor?
6. Sind dem Sponsor ähnliche Engagements bei weiteren Sportlern, Vereinen, Events, Medienformaten, etc. erlaubt?

Wichtig: Klären Sie unbedingt die Rechtesituation → darf der Sponsoringnehmer die veräusserten Rechte überhaupt vermarkten? Gibt es Dritte die über weitere – oder sich kreuzende Rechte – verfügen (Tipp: Lassen Sie sich in den Vertrag schreiben, dass der Sponsoringnehmer dafür verantwortlich haftet, dass keine der dem Sponsor veräusserten Rechte durch Drittrechte beschränkt werden können).

§ 5 Wohlverhalten, Unterrichtung, Vertraulichkeit, Zweckbindung

_____

_____

_____

_____

_____

_____

Hinweise:

1. Beide Parteien sind zu gegenseitigem Wohlverhalten verpflichtet (zum Beispiel keine üble Nachrede).
2. Stellen Sie sicher, dass die Punkte auch nach Auslaufen des Vertrages Gültigkeit behalten.
3. Verabreden Sie Stillschweigen über die Vertragsinhalte.
4. Verabreden Sie gegenseitige Unterrichtung bei maßgeblichen Änderungen (Umorientierung des Sportlers, Vereinswechsel, Firmenfusion des Sponsors ...) .
5. Verabreden sie die Zweckbindung der Mittel.

§ 6 Persönliche Leistung, Abtretbarkeit

_____

_____

_____

_____

_____

_____

Hinweise:

1. Definieren Sie welche Leistungen nur persönlich und welche auch in Abtretung erfolgen können.
2. Definieren Sie was bei einer Abtretung zugrunde liegen muss.

§ 7 Ausschluss der Arbeitnehmereigenschaft

_____

_____

_____

_____

_____

_____

Hinweise:

1. Arbeitnehmereigenschaft ist ein Begriff des Arbeitsrechts. Wenn ein Sponsoringnehmer über den Vertrag wie ein Arbeitnehmer gestellt würde, so könnte dieser Sachverhalt von den Sozialversicherungen als ein arbeitnehmerähnliches Verhältnis gewertet werden. Die Folge wäre, dass der Sponsor zusätzlich zu vereinbarten Geld- und Sachleistungen noch Sozialversicherungsbeiträge abführen müsste.

2. Zu einer Arbeitnehmereigenschaft kann es insbesondere kommen, wenn der Sponsoringnehmer ausschließlich vom Sponsor Einkünfte erzielt.

3. Schließen Sie die daher die Arbeitnehmereigenschaft aus (insbesondere bei Testimonials wie Sportlern und Schauspielern wichtig).

§ 8 Haftungsausschluss, Erfüllungsinteresse

_____

_____

_____

_____

_____

_____

_____

_____

_____

Hinweis:

1. Definieren Sie mögliche Haftungsausschlüsse (insbesondere bei der Rechteverwertung wichtig, zum Beispiel bei Benutzung von Bildmaterial).
2. Begrenzen Sie die Haftung des Sponsoringnehmers auf die Erfüllung der definierten (kommunikativen) Leistungen.
3. Überlegen Sie ob eine Begrenzung der Haftung auf einen konkreten Höchstbetrag für Sponsor und Sponsoringnehmer sinnvoll ist.
4. Kann es zur Folgeschäden Dritter bei Erfüllung der Leistungen kommen? Könnte beispielsweise der Sponsor in Anspruch genommen werden, wenn sich jemand auf einem Event verletzt? Wenn ja sollte eine Freistellung des Sponsors erfolgen
5. Sie sollten immer die Haftung auf Vorsatz und grobe Fahrlässigkeit begrenzen.

§ 9 Vertragsstrafe, Aufrechnung, Abtretung

_____

_____

_____

_____

_____

_____

_____

_____

_____

_____

Hinweise:

1. Wenn eine pünktliche Zahlung von Geldern für die Umsetzung eines Events existenziell notwendig ist, könnte eine Vertragsstrafe sinnvoll sein.

2. Ein Sponsor könnte andererseits beispielsweise über eine Vetragsstrafe die Erbringung persönlicher Leistungen eines Sponsoringnehmers sicherstellen wollen.

3. Vereinbaren Sie nur nachvollziehbare Vertragsstrafen. Versuchen Sie nicht, die andere Vertragspartei über Vertragsstrafen zu „knebeln". Gerichte erkennen unangemessen hohe Strafen in der Regel nicht an!

§ 10   Inkrafttreten, Laufzeit, Optionsrechte

_____

_____

_____

_____

_____

_____

_____

_____

_____

Hinweise:

1. Definieren Sie den Zeitpunkt des Inkrafttretens des Vertrages.
2. Definieren Sie die Laufzeit.
3. Definieren Sie die Dauer von optionalen Verlängerungen.
4. Definieren Sie die Rahmenbedingungen für das „Ziehen" der Optionsrechte.
5. Definieren Sie die Zeitspanne der Optionsverhandlungen.
6. Definieren Sie den Status der Optionsrechte (exklusiv?).

§ 11 Vorzeitige Vertragsbeendigung, Rückgewähr von Leistungen, Vertragsstrafen

_____

_____

_____

_____

_____

_____

_____

_____

_____

Hinweise:

1. Unter welchen Umständen kann ein Vertrag vorzeitig gekündigt werden?
2. Welche Kündigungsfrist wird vereinbart?
3. Wann tritt eine fristlose Kündigung in Kraft?
4. Wie verhält es sich mit der „Angabe von Gründen"?
5. Wie wird mit bereits erfolgten oder noch ausstehenden Leistungen im Falle einer Kündigung umgegangen?
6. Welche Konventionalstrafen werden für was vereinbart und wann treten sie in Kraft?

§ 12 Regelung von Interessenkollisionen

Hinweise:

1. Welche Regelung wird bei Interessenkollisionen getroffen?
2. Einigung auf ein außergerichtliches Schiedsgericht (Mediator) im Falle von Interessenkollisionen?
3. Welchen Schutz gewährt der Sponsoringnehmer vor zum Beispiel Ambushmarketing etc.?

§ 13 Schriftform, Zugang von Erklärungen, Teilunwirksamkeit

Hinweis:

1. Fügen Sie hier die Ihnen aus allgemeinrechtlichen Verträgen bekannten Klauseln ein (zum Beispiel „Nebenabsprachen bedürfen der Schriftform" oder die salvatorische Klausel …).
2. Definieren Sie wie der Zugang von Erklärungen erfolgen soll.

§ 14 Anwendbares Recht, Erfüllungsort, Gerichtsstand

_____

_____

_____

_____

_____

_____

Hinweise:

1. Bei internationalen Partnern oder Veranstaltungen im Ausland, kann es notwendig sein, das anwendbare Recht zu bestimmen. Wählen Sie möglichst immer deutsches Recht.

2. Der Gerichtsstand sollte festgelegt werden auf Ihren Wohnsitz oder auf ein Gericht, an dem Sie im Streitfall ein Rechtsanwalt Ihres Vertrauen kostengünstig vertreten kann (leider versucht dies die andere Partei auch ☺).

§ 15   Anlagen: Welche Dokumente gehören zum Vertrag?

_____

_____

_____

_____

_____

_____

Hinweise:

1. Anlagen dienen meist dazu, Leistungen und Gegenleistungen genau zu beschreiben.
2. Gibt es ein Muster für Druckerzeugnisse, die die Platzierung eines Logos zeigen?
3. Gibt es einen Raumplan bei Events, der Werbeflächen zeigt?
4. Gibt es Karten, Programminformationen, Kataloge, Webseiten, die bestimmte Werbeflächen des Sponsoringgebers zeigen?
5. Gibt es Werbe-/Mediapläne (für Events) die eingehalten werden müssen?
6. Gibt es steuerlich relevante Zusatzerklärungen?
7. Gibt es eine Zustimmungserklärung seitens des Sportlers oder Künstlers zu diesem Vertrag (bei Agenturverträgen)?
8. Gibt es für das Sponsoringengagement relevante Urkunden, Beglaubigungen etc.?

BusinessVillage – Update your Knowledge!

Faxen Sie dieses Blatt an:
+49 (5 51) 20 99-105

Oder senden Sie Ihre Bestellung an:
BusinessVillage GmbH
Reinhäuser Landstraße 22, 37083 Göttingen
Tel. +49 (5 51) 20 99-100
info@businessvillage.de

Ja, ich bestelle:

☐ Exemplar(e)   ☐ Exemplar(e)

Events und Veranstaltungen professionell managen

Events und Veranstaltungen erfolgreich planen und durchführen! Wie Sie diese Herausforderung mit wenig Zeit- und Nerveneinsatz meistern, verrät Ihnen dieser Praxisleitfaden. Organisieren Sie Events, die noch lange in aller Munde sind. Wie es geht, erfahren Sie hier.

Art.-Nr. 618
21,80 € • 22,50 € [A] • 35,90 CHF

Erfolgsfaktor Eventmarketing

Events und Veranstaltungen sind ein integraler Bestandteil professionellen Marketings. Doch nur wenige Unternehmen schöpfen gezielt die verschiedenen Möglichkeiten des Eventmarketings aus. Gerade kleinere und mittlere Unternehmen, die ihre Veranstaltungen oft in Eigenregie durchführen, nutzen nur einen Bruchteil des tatsächlichen Potenzials von Marketingevents.

Art.-Nr. 647
21,80 € • 22,50 € [A] • 35,90 CHF

(Alle Praxisleitfäden der Edition PRAXIS.WISSEN kosten 21,80 € • 22,50 € [A] • 35,90 CHF)

Menge	Art.-Nr.	Titel	Einzelpreis €/CHF
...	691	**Wie Profis Sponsoren gewinnen, 2. Auflage**	**21,80 €**

Firma

Vorname   Name

Straße   Land   PLZ   Ort

Telefon   E-Mail

Datum, Unterschrift

BusinessVillage – Update your Knowledge!